极端干旱区额济纳绿洲稳定性综合评价研究

王耀斌　冯　起　司建华　著

科学出版社

北京

内 容 简 介

本书以极端干旱区额济纳绿洲为研究对象，旨在解决绿洲稳定性研究中表征要素（植被）、驱动机制、指标体系构建、评价方法方面存在的问题及额济纳绿洲的稳定性问题。全书共分为9章：第1章和第2章主要阐述本书研究所需的相关概念与理论；第3章为研究区极端干旱区额济纳绿洲简介；第4章为极端干旱区额济纳绿洲稳定性表征要素研究；第5章为极端干旱区额济纳绿洲稳定性驱动机制研究；第6～8章主要研究绿洲稳定性综合评价，包括指标体系的构建、方法的应用、新方法的引入及各方法间的比较等；第9章为额济纳绿洲生态系统恢复对策研究。

本书可供绿洲学、生态学、资源环境等专业和研究方向的高等院校师生以及相关单位的研究人员、管理者参考和阅读。

图书在版编目（CIP）数据

极端干旱区额济纳绿洲稳定性综合评价研究/王耀斌，冯起，司建华著. —北京：科学出版社，2015.8
　ISBN 978-7-03-045420-1

　Ⅰ.①极…　Ⅱ.①王…　②冯…　③司…　Ⅲ.①干旱区–绿洲–稳定性–环境生态评价–研究–额济纳旗　Ⅳ.①X321.226.4

　中国版本图书馆 CIP 数据核字（2015）第 192076 号

责任编辑：韩卫军/责任校对：唐静仪
责任印制：余少力/封面设计：墨创文化

科学出版社 出版
北京东黄城根北街 16 号
邮政编码：100717
http://www.sciencep.com
四川煤田地质制图印刷厂 印刷
科学出版社发行　各地新华书店经销

＊

2015 年 8 月第 一 版　开本：787×1092　1/16
2015 年 8 月第一次印刷　印张：9
字数：210 000
定价：59.00 元
（如有印装质量问题，我社负责调换）

本书由特聘研究员计划（项目编号：1109000006）与国家自然科学基金地区科学基金"粗糙集与模糊集结合的额济纳绿洲稳定性综合评价"（项目编号：41261019）支持出版

前　言

　　绿洲是干旱区特有的景观类型，是干旱区人类生存和生产的核心场所。绿洲生态系统稳定与否，直接关系到绿洲区域经济社会的可持续发展。绿洲稳定性研究是绿洲学研究的重点、热点，也是目前未充分探讨和解决的难点。

　　在绿洲稳定性的表征要素（水、土壤、植被、土地利用/覆被变化）研究方面，专家学者们已做了大量研究，但表征要素植被研究方面还缺少从覆盖面积角度出发揭示绿洲植被变换趋势的研究。在驱动机制研究方面，由于受当前研究技术、手段及方法的限制，大多研究仍然停留在定性分析阶段，如何定量回答各驱动因子对绿洲稳定性驱动的贡献率是需要突破的难点。在评价指标体系方面，由于区域、环境及历史文化背景的差异，或者数据资料获取比较困难等原因，目前还没有适合大多数绿洲评价的指标体系框架，需要构建一套科学、适用范围广泛的综合性绿洲稳定性评价指标体系。在评价方法方面，由于评价目的、评价区域等差异，评价者使用的方法也各不相同，其中多强调方法应用的可行性、有效性，却忽略了方法使用的局限性、可靠性，致使各方法间的比较研究缺失，优势技术的引入研究较少，这些研究都需要进一步开展。

　　额济纳绿洲作为极端干旱区绿洲的典型代表，近年来在大强度人类经济、社会活动的作用下，其生态过程发生了显著变化，其生态环境严重退化，引起了国内外学术界的高度关注，成为生态学、地理学、环境学及经济等学科研究的热点区域。同时，额济纳绿洲的生态环境问题不仅是一个地区问题、一个环境与发展的问题，而且也关系到国防建设、边疆稳定、民族团结，关系到额济纳及以外地区的可持续发展。

　　本书以极端干旱区额济纳绿洲为研究对象，旨在解决绿洲稳定性研究中表征要素（植被）、驱动机制、指标体系构建、评价方法方面存在的问题及额济纳绿洲的稳定性问题。本书的完成凝聚了很多人的心血。首先要特别感谢我的博士生导师——中国科学院寒区旱区环境与工程研究所冯起研究员和我的博士后合作导师——中国科学院寒区旱区环境与工程研究所刘光琇研究员，两位导师的指导与教诲使我受益终生。同时还要感谢我的师兄、师姐、师弟与师妹常宗强、席海洋、苏永红、陈丽娟、郭瑞、贾冰、霍红、王亚敏、鱼腾飞、李宗省及胡猛等，他们对本书的写作框架、研究内容的完善起到了很大作用。此外，作者的研究生蒋金萍、孙传玲等在本书的完成中也起到了一定的作用，也在此表示感谢。

本书共分 9 章，第 1 章和第 2 章主要阐述本书研究所需的相关概念与理论；第 3 章为研究区极端干旱区额济纳绿洲简介；第 4 章为极端干旱区绿洲稳定性表征要素研究；第 5 章为极端干旱区额济纳绿洲稳定性驱动机制研究；第 6～8 章主要研究绿洲稳定性综合评价，包括指标体系的构建、方法的应用、新方法的引入及各方法间的比较等；第 9 章为额济纳绿洲生态系统恢复对策研究。

由于作者水平有限，本书可能还存在一些不足甚至谬误，希望读者不吝赐教。

王耀斌

2015 年 4 月 20 日于兰州

目　　录

第1章 绿洲稳定性

1.1 绿洲的概念与分类

1.1.1 绿洲的概念

"绿洲"的定义一直深受学术界的关注，但到目前为止还没有一个公认的定义，有的定义侧重于景观、空间分布和资源方面，而有的却侧重于社会经济活动、系统分析等方面。从文献回顾中我们发现以前对绿洲的定义主要是从观感和表象去描述，如绿洲又称沃洲、沃野、水草田、博斯坦（维吾尔语）等，是指存在于荒漠之中，有丰富的水源和肥沃的土壤，草木繁茂，农牧业发达和人口集中的地方。各类词典和百科全书，从科普的角度对绿洲也进行了解释：如《辞海》定义绿洲是荒漠中水草丰美、树木滋生、宜于人居的地方；《简明不列颠百科全书》定义绿洲是沙漠中的沃土，终年水源不断，有天然或灌溉的土地；《中文大辞典》中绿洲则被定义为"草木繁茂，色呈绿色之洲"或"沙漠中有水的地方"；《环境科学大词典》中，绿洲是指荒漠地区中水源丰富、土壤肥沃、草木繁盛的地方；《地理学辞典》中，绿洲被解释为"荒漠中泉水常流、土壤肥沃的地方"。以上这些对绿洲的解释都不能算严格意义上的科学定义。由于自然界的绿洲千差万别，对绿洲给出一个能高度概括其共性的科学定义在理论研究方面是很有意义的。近年来，随着绿洲开发的深入以及对绿洲诸多问题研究的深化，绿洲概念也逐步走向科学化、系统化。20世纪80年代后期以来，一批专家学者从不同角度和研究方向为"绿洲"赋予新的定义，具有代表性的有以下研究。

（1）沃尔特（1984）：绿洲是荒漠中长有稠密植被的地方。在这里低盐浓度的水或者借助于平常的泉水或者借助于自流井而到达地表；在这里生长着喜湿植物，它是现代居民稠密区，而天然植被已被农作物或杂草所代替。

（2）高华君（1987）：从经济学角度将绿洲定义为荒漠中地面平坦、水源充足、适宜植物生长和人类居住或暂住，并可供人类从事农、牧、工、矿和科学实验等经济活动的地方。

（3）赵成义、阎顺（1993）：绿洲是荒漠、半荒漠地区，靠近河流或潜水而使天然灌水或人工灌水充盈，土壤肥沃、植被繁茂，适合于人居住，可供人类进行农牧业或工业化生产等社会经济活动的独特的地理景观。

（4）刘秀娟（1994）：从结构和能流、物流角度指出，绿洲（广义）是在干旱环境下一定时段内，生物过程频繁，生物量高于周围环境的镶嵌性系统；绿洲（狭义）是在干旱半干旱地区荒漠半荒漠背景下特定时段内具有生物或人类频繁活动和较高的产出量的镶嵌系统。

（5）张林源、王乃昂、施祺（1995）：绿洲是一种独特的地理景观，指在干旱荒漠区域中有水源和植被，且有一定空间规模的地理单元，它适于人类居住，并有开发价值，可供人类进行农牧业和工业生产等社会经济活动。

（6）贾保全（1996）：从景观生态学的角度认为绿洲是在干旱气候条件下形成的，在荒漠背景基质上以天然径流为依托的，具有较高的第一性生产力的、以中生或旱中生植物为主体植被类型的中小尺度非地带性景观。

（7）王永兴（2000）：绿洲是存在于干旱区，以植被为主体的具有明显高于其环境的第一生产力的依赖外源天然水源存在的生态系统。

（8）钱云、郝毓灵（2000）：天然绿洲存在于干旱区气候下、荒漠景观中，有稳定水源（地表、地下水）供给，有土壤存在，在特定时段内生物活动频繁（并能集聚、繁衍），基本上没有人类活动介入；人工绿洲是指人类对天然绿洲或荒漠、沼泽、沙漠等土地投入活劳动和物化劳动进行开发、整治，并能产生可供再生产和扩大再生产工农业产品的地方。

（9）穆桂金、刘嘉麒（2000）：绿洲是荒漠区适宜多种生物共同生息繁衍的地域。包含三层含义：绿洲相对于荒漠而言，它以荒漠为背景，绿洲内仍然有大量的荒漠生物组分，仍具有干旱气候特征；绿洲范围内具有生物多样性，共同构成完整的绿洲生态系统；绿洲是镶嵌在荒漠区的一种特殊地域景观，包括天然的和人为的景观。

（10）韩德林（2001）：绿洲是荒漠中有可靠外来水源供给、草木繁茂生长或生产发达、人口聚集繁衍的生态地理景观。

（11）韩艳（2005）：绿洲在干旱的地理环境下，依山固体水塔而存，其植被茂盛，人口聚集，生产力明显大于周围荒漠地区，它是一种广泛分布在山前冲积平原上、山体水流方向的区域系统。

（12）孙素艳（2005）：在干旱、半干旱荒漠区，绿洲是有可靠水源供给（非天然降水）、草木繁茂或生产发达的生态地理景观，适宜于人口聚集繁衍。

（13）毋兆鹏（2008）：绿洲是在荒漠背景基质上和在干旱、半干旱气候条件下，以天然径流或稳定的水源条件保障为依托的，经自然演化或人为干扰逐步形成的，具有较高的第一性生产力的、以中生或旱中生植物为主体植被类型的中、小尺度非地带性景观。

这些关于绿洲的定义较以前的绿洲定义视野更广阔，实用性和科学性得到增强，但仍然没有形成一个为大家所普遍接受并可以被不同专业背景研究者所应用的定义。综观上述研究，绿洲（干旱区绿洲：有人曾将南极洲边缘没有大陆冰层覆盖的岩石出露、企鹅等鸟兽集聚地也称为绿洲，还有人将无垠海洋中的绿色小岛同样称之为海上绿洲，其内涵和外延与我们常说的绿洲是完全不同的）的定义必须包括以下几个方面：要用发展的动态观点来考察绿洲；绿洲存在于干旱区、半干旱区的荒漠背景条件下，荒漠地区才有真正意义的绿洲；有水源保证或有稳定的水源供给是绿洲存在的基本条件；有适宜于中生植物繁茂生长和人类聚集繁衍与社会经济活动的区位条件，水、土、气候、地貌等条件的组合优势明显；绿洲是一种中小尺度的非地带性景观。

1.1.2　绿洲的分类

绿洲类型的划分目前仍未达成共识，当前代表性的划分依据主要有人类干预程度、绿洲演化时间、绿洲水源性质、绿洲地质地貌条件、绿洲功能等，当然不同分类依据所划分的绿洲类型不尽相同，具体见表 1-1。

表 1-1　绿洲类型比较

分类依据	分类名称	特征描述	代表绿洲
人类干预程度	天然绿洲	不受人类活动影响或受人类影响甚微的绿洲	目前已经很少见
	半人工绿洲	在原来天然绿洲的基础上经人工开发形成的一类绿洲	当前的大部分绿洲
	人工绿洲	根据人类需要，完全由人工引水或开发地下水，在原荒漠景观上形成的绿洲	嘉峪关绿洲、玉门绿洲、秦王川绿洲、莫索湾绿洲
绿洲演化时间	古绿洲	在人类历史上曾经开发利用过，但在其演化过程中因自然及人为因素而废弃的绿洲	居延古绿洲、骆驼城古绿洲、锁阳城古绿洲、新疆的古楼兰绿洲、古精绝绿洲、古米兰绿洲等
	老绿洲	开发历史悠久，至今仍在利用的绿洲，大多分布在河流低阶地、大河三角洲	武威绿洲、张掖绿洲、酒泉绿洲、敦煌绿洲和鼎新绿洲、新疆的阿克苏绿洲、和田绿洲、玛纳斯绿洲和奇台绿洲等
	新绿洲	指解放后新开垦建设的绿洲	嘉峪关绿洲、玉门绿洲、东风场绿洲、秦王川绿洲、石河子绿洲、克拉玛依绿洲等

续表

分类依据	分类名称	特征描述	代表绿洲
绿洲水源性质	外流河绿洲	由流过荒漠区的过境外流河带来丰沛的水量而形成的绿洲	我国天山南北绿洲、河西走廊绿洲、柴达木盆地绿洲，中亚的阿姆河、锡尔河流域绿洲，西亚伊朗的伊斯法罕绿洲，北非阿尔及利亚的艾格瓦特绿洲、因萨拉赫绿洲等
	内流河绿洲	接受高山降水和冰雪融水，出山形成地表、地下径流，灌溉山前洪积、冲积平原和河谷低地	
绿洲地质地貌条件	扇形地绿洲	扇状堆积地貌自扇顶到扇缘，地面高度逐渐降低，坡度逐渐变小，堆积物逐渐变细，分选性逐渐变好	张掖绿洲、酒泉绿洲、敦煌绿洲、石河子绿洲和乌鲁木齐绿洲等
	冲积平原绿洲	分布于大中型内陆河中、下游两岸的冲积平原上，沿着河流延伸，呈带状或片状分布	石羊河流域武威至民勤之间的河流两岸绿洲，黑河沿岸的临泽绿洲、高台绿洲、鼎新绿洲
	干三角洲绿洲	分布于大、中型内陆河的尾闾湖滨三角洲或散流干三角洲地区	石羊河下游民勤绿洲、黑河下游额济纳绿洲
绿洲功能	农业绿洲	以农业生产为主要功能和以种植业为主导经济部门的绿洲	河西走廊各绿洲、吐鲁番绿洲等
	牧业绿洲	以牧业生产为主要功能和主导经济部门的绿洲	额济纳绿洲、巴丹吉林沙漠的塔木素绿洲
	工业绿洲	以工业为经济主导部门	克拉玛依绿洲、独山子绿洲、玉门绿洲等

1.2　绿洲稳定性概念

绿洲系统向稳定、有序的方向演化并实现可持续发展是干旱区人类存在发展所追求的基本目标，但由于受自然和人类等动力因素的叠加影响，绿洲系统总是处在活动、变化的状态，绿洲的稳定性问题引起了人们的高度重视。荒漠是山地和绿洲的外围环境，也是绿洲的背景环境和基质。绿洲和荒漠是干旱区内截然不同的两种景观类型，但二者相互依存，相互转化，即发生"荒漠绿洲化"或"绿洲荒漠化"。但无论发生何种变化，都可归结为绿洲的稳定性和其组成要素发生了变化，表现为：自然方面是水文、土壤和植被的变化；人文方面包括战乱、不合理的资源利用行为、人口增加及绿洲本身的经济、政治地位的变化。所有这些变化最终都是通过自然要素体现出来，而且最主要的是水文、土壤、植被三要素。其中关键要素是水文。水文变化是绿洲土壤植被变化的直接驱动力，水是维系绿洲生存和发展的关键因子；地质地貌因素仅对绿洲水文变化和水资源的分布起到约束和控制作用，且这种作用相对稳定，不会因为其他自然和人为因素的变化而出现明显的变化；同时，干旱气候对绿洲演变的作用和影响是长期的，且也相对稳定，短期内可以认为对绿洲的变异影响甚微。借鉴上述分析，研究者针对绿洲的不稳定提出了绿洲稳定性概念，由于研究者的出发点和角度不同，提出的绿洲稳定性的内涵也有所差异。当前主要观点有：

（1）从系统论来看，绿洲系统的稳定性是指系统的状态不随时间的变化而变化，也不因为有微小的涨落和随机的扰动而导致整个系统的改变。绿洲抗干扰能力越强，其系统稳定性越高。

（2）从景观生态学观点来看，绿洲稳定性指绿洲景观特征的持续性，在一定的时期内保持不变或在一定的水平上变化（即表现出变化的振幅）；绿洲景观稳定性的另一种定义是指景观对外界干扰的反应，表现为恢复性和抗性。

（3）从人地关系论来看，绿洲人口、资源、环境、经济发展的优化调控是绿洲稳定性的基本内涵。

（4）绿洲的稳定性是确保绿洲生态系统的能流、物流、信息流处在良性循环，绿洲生命体的生存环境不断优化、绿洲系统功能处在持续稳定发展中的一种绿洲化状态，其基本表征就是系统的良性循环和持续发展，因而绿洲稳定性的本质含义或深层次内涵就是绿洲系统的可持续发展。

在前人结论及成果基础上，毋兆鹏（2008）认为在干旱区尺度上绿洲稳定性的内涵是：只要能保证绿洲水分的稳定及其水分利用效率的持续提高（至少不下降），并由此使单位面积第一性生产力（生物量）持续增加，其中自然植被的生产力不能有明显的下降（至少应保持相对稳定），那么就可以认为绿洲所处状态是稳定的或可持续发展的。

1.3 绿洲稳定性研究概述

1.3.1 绿洲稳定性研究

绿洲作为干旱区人类生存和生产核心场所特有的一类景观，其稳定与否直接关系到区域社会经济的可持续发展。绿洲的稳定是相对的，变异是绝对的，即绿洲总处于亚稳定状态。绿洲的稳定由其内部与外部生态系统的结构、功能及生态过程决定，同时也取决于气候变化。绿洲的稳定不仅涉及农田生态系统、城市生态系统等众多子系统的结构、功能和生态过程，而且与次生盐渍化和风沙侵袭的防治也密切相关（潘晓玲，2001）。对于绿洲稳定性的研究，依据赵文智等（2008）、王亚俊等（2010）等的概括，国外主要从绿洲灌溉制度、水资源利用对绿洲的影响、水资源管理与绿洲发展以及绿洲承载力等不同角度研究了绿洲生态系统稳定性（Sepaskhah et al.，

2003；Misak et al.，1997；Rao et al.，1995）；而国内主要从绿洲的形成机制、结构功能、演替过程认识绿洲稳定性（刘秀娟，1995；刘恒等，2001；王永兴等，1999），从干旱区荒漠与绿洲相互作用揭示绿洲稳定性（黄培祐，1995），从景观生态学的角度研究稳定性（贾宝全等，2003；曹宇等，2004），从绿洲水资源承载力和水资源的配置方式来评价绿洲稳定性（潘晓玲，2001；张传国等，2002），从社会学和经济学的角度探讨绿洲稳定性与人的协调发展（韩德麟等，1994）等。根据韦如意（2004）和毋兆鹏（2008）的概括，目前广大学者关注和感兴趣的绿洲稳定性研究的主要问题与内容有绿洲气候、水土资源的合理开发利用、适宜绿洲规模与绿洲承载力、绿洲荒漠过渡带及绿洲防护林体系、绿洲生态经济与绿洲生态农业、绿洲管理与绿洲地理建设和绿洲可持续发展及 PRED（population resource environment development）系统的调控六个方面。本书拟选取绿洲生态系统稳定性、景观尺度稳定性和流域尺度稳定性（赵文智，2008）三个方面综述绿洲稳定性研究现状。

1. 绿洲生态系统稳定性

绿洲稳定性的研究在我国始于 20 世纪 80 年代末和 90 年代初，首先是王让会、黄培祐等从生态学角度提出绿洲生态稳定性问题（王让会，1996；黄培祐，1995）；紧接着韩德麟用理论绿洲面积与实际面积的比较分析了绿洲的生态稳定性，提出了一系列加强绿洲稳定性的有力措施（韩德麟，1999）；潘晓玲从绿洲内部的次生盐渍化防治、外部的风沙危害消除及生态系统与局地气候的相互作用等方面探讨了绿洲的动态稳定性（潘晓玲，2001）；罗格平等将绿洲和荒漠作为一个整体，用绿洲的冷岛效应度量了绿洲和外围荒漠之间的相互作用，从气候的角度研究了绿洲生态稳定性（罗格平等，2002）；王忠静等将绿洲稳定性划分为超稳定、稳定、亚稳定、不稳定四种状态，提出绿洲稳定性指数的概念，考虑到了从绿洲内部反映绿洲生态进化与退化，从区域角度反映绿洲景观稳定性的问题（王忠静等，2002）；杜巧玲等以绿洲面积变化率、土壤盐碱化率及土地沙化率等为评价指标，分析了张掖绿洲、临泽绿洲、高台绿洲、鼎新绿洲和额济纳绿洲的生态稳定性（杜巧玲等，2004）；裴源生根据绿洲生态稳定性预测模型，对宁夏未来不同水资源条件下的绿洲生态稳定性状况进行了评价预测（裴源生等，2007）；黄俊芳等以新疆北屯绿洲为例，研究了现代绿洲生态安全问题，提出了生态安全度的概念（林毅等，2007）；苏永忠提出了绿洲生态系统稳定性的另一个必须引起重视的问题——荒漠-绿洲过渡带的稳定性，指出了过渡带绿洲稳定性研究的重要性（Su Y Z，2007）；陈曦等基于遥感技术提出了绿洲-荒漠过渡带地下水分布在绿洲稳定性中的重要作用（陈曦，2008）；王振锡等指出植物多样性是对绿洲-荒漠过渡带水资源的响应，绿洲-荒漠过渡带植物群落分布对绿洲稳定性具有指示性意义（王振锡等，2009）；韩艳等分析研究了绿洲与荒漠过渡带的气候变化过程（韩艳等，2009）；孟宝等从绿洲-荒漠过渡土壤空间变异的角度出发，以张掖绿洲为例探讨了人类活动下绿洲生态空间稳定性问题，为科学地认识绿洲-荒漠过渡带生态保护问题提供了帮助（孟宝等，2009）；刘树华等对荒漠-绿洲夏季地表能量收支进行了数值模拟研究（刘树华等，2009）；王亚俊等通过分析中国绿洲研究文献指出绿洲与荒漠过渡带的稳定性还有待深入研究（王亚俊等，2010）。

2. 景观尺度稳定性

景观尺度上绿洲稳定性的研究一般都是借助遥感（RS）、地理信息系统（GIS）和景观结构分析软件等来分析景观格局的变化。如：贾宝全等（2001a，2001b）采用景观多样性的多个指数，分析研究了石河子莫索湾垦区绿洲景观格局变化；宋冬梅等（2003）应用 GIS 和 RS 技术以及景观分析软件，研究了民勤绿洲近 14 年的景观格局变化；李小玉等（2004）利用 GIS 技术和景观结构分析软件，分析了石羊河流域及武威和民勤两个典型绿洲近 15 年的景观结构变化；罗格平等（2004a，2004b）从绿洲景观多样性、景观廊道的复杂性以及土地利用及其环境效应等方面探讨了绿洲景观稳定性的内涵，指出从景观生态学观点来看，绿洲稳定性是指绿洲景观特征的持续性，即在一定时期内保持不变或在一定水平上变化，并对新疆三工河流域绿洲进行了实例分析；肖笃宁等（2005）利用该方法研究了民勤湖区近 15 年来景观水平上格局指数的变化；李瑞等（2006）运用生态学原理，借助 RS 和 GIS 等手段对青海香日德绿洲进行了景观格局特征分析；刘月兰（2008）利用遥感和景观生态的研究方法，研究了准噶尔盆地南缘绿洲景观格局的变化；刘小丹等（2008）运用景观生态学原理结合野外调查结果，借助 RS 和 GIS 等手段，研究了青海都兰县察汗乌苏绿洲的景观格局特征；张飞等（2009）将 GIS 和景观生态学的数量分析方法相结合，分析研究了干旱区绿洲精河县 1972～2005 年的土地利用/覆被和景观格局的变化；王雪梅等（2010）运用景观生态学原理，借助 RS 和 GIS 技术，对该绿洲的景观格局变化进行了动态分析；阿斯卡尔江·司迪克等（2010）运用景观生态学原理，借助 RS 和 GIS 技术，以人机交互方式进行景观分类，对研究区的景观格局与土地利用变化过程进行了分析研究。

3. 流域尺度稳定性

流域尺度上合理配置水资源是绿洲稳定的关键，所以流域尺度上绿洲稳定性的研究主要是绿洲生态需水研究。如陈昌毓利用各流域水资源总量及其降水与绿洲需水量计算了适宜绿洲面积，分析了现有绿洲的稳定性，同时还计算了适宜绿洲农田面积（陈昌毓，1995）；李小明在对塔南绿洲多年研究的基础上，提出了"适度绿洲"的概念，这对未来绿洲的开发有一定指导意义（李小明，1995）；贾宝全等计算了新疆 1995 年的生态用水量（贾宝全等，2000）；王让会等估算了塔里木河流域、叶尔羌河流域、和田河流域及开都河—孔雀河流域 4 源流区的生态需水量（王让会，2001）；王忠静对比研究了绿洲景观及其相应的水热平衡关系，提出了评价绿洲稳定性的绿洲绿色指数，并计算了河西地区石羊河、黑河和疏勒河流域的绿洲适宜发展规模（王忠静等，2002）；何志斌等以黑河中游人工绿洲为例，计算了黑河流域中游荒漠绿洲植被生态需水量（何志斌等，2005）；赵文智等以生产力与蒸腾系数关系为依据，研究了额济纳绿洲的生态需水量（赵文智等，2006）；张凯等采用阿维里扬诺夫估算方法计算了民勤绿洲的生态需水量（张凯等，2006）；李强坤等在前人研究的基础上，再度明确了生态需水量的含义，提出了计算干旱地区天然植被生态需水量的新方法，在综合考虑额济纳绿洲恢复规模和生态功能关系的同时，提出了额济纳绿洲恢复的若干方案（李强坤等，2006 和 2007）；徐先英通过天然降水与生态需水耦合，结合 GIS 和野外调查，分析了民勤绿洲不同植被类型生态需水的时空变化规律（徐先英，2007）；张强等根据已公布文献提供的资料，研究了祁连山发育的内陆河流域的绿洲水平空间尺度的分布特征，揭示了绿洲单位面积耗水量与绿洲灌溉率之间的关系（张强，2008）；母敏霞等（2008）从新疆奎屯河流域生态环境现状及未来需求出发，采用不同的计算方法，对流域生态需水进行了计算，指出天然绿洲生态需水为 $2.41 \times 10^8 m^3$，人工绿洲生态需水达 $3.24 \times 10^8 m^3$；刘金鹏等（2010）从绿洲生态安全的科学内涵出发，提出用于维护干旱区绿洲生态安全的 3 项指标，即适宜的绿洲规模、适宜的耕地面积和适宜的地下水位值，并以民勤绿洲为例计算，得出基于生态安全的民勤绿洲生态总需水量为 $1.46 \times 10^8 m^3$；郭巧玲等（2010）以额济纳绿洲为例，采用阿维里扬诺夫估算方法，对 1998 年和 2004 年的生态需水量进行了计算。在流域尺度上，把绿洲规模与稳定性相结合的研究有王忠静等（2002）通过适宜绿洲面积和灌溉耕地面积之比研究了石羊河流域、黑河流域、疏勒河流域 3 个流域的绿洲稳定状态；陈玉春等（2004）使用美国 NCAR 新版 MM5V3.4 非静力平衡模式，通过三重嵌套，模拟研究了西北地区不同尺度绿洲环流及边界层特征；宋郁东等（2007）应用水量平衡原理，研究了渭干河流域绿洲的合理尺度问题；陈小兵等（2008）针对以农田为核心的绿洲规模过大会对绿洲的稳定性产生影响这个问题为出发点，以水热、水盐平衡理论分别计算了渭干灌区适宜的规模与耕地面积，提出了控制耕地规模、确保生态用水的宏观对策；布佐热·艾海提等（2010）结合实地调查，运用定性定量分析方法，揭示了且末绿洲 30 多年来的动态变化趋势，并从自然和人为因素方面探讨绿洲规模动态变化的原因和驱动力。把绿洲的小气候特质与绿洲稳定性相结合的研究有潘晓玲（2001）通过天山北坡三工河流域阜康绿洲所获得的观测资料，发现由于新、老绿洲内外气候的差异，使作物的生理生态过程对生态因子有不同响应；胡隐樵等（2003）对流域不同部位绿洲的冷岛效应进行分析后，将绿洲分为良性绿洲、低效绿洲、退化绿洲和新建绿洲，提出了我国西北干旱区生态恢复对策及提高绿洲的稳定性和抗干扰能力的建议；吕世华等（2005）使用美国 NCAR 新版 MM5V3.6 非静力平衡模式，采用三重嵌套的降尺度方法，模拟研究了夏季金塔绿洲小气候效应特征；冯起等（2006）运用微气象学方法对极端干旱区荒漠绿洲小气候进行了研究，分析了我国极端干旱区荒漠绿洲的微气象特征；刘金伟（2008）通过对和田绿洲近 40 年的气象资料的研究发现绿洲小气候存在着变暖、增湿、风速降低的趋势，有利于优化、改善当地生态环境，维持绿洲的稳定性；文莉娟等（2009）利用数值模式 MM5 探讨了绿洲内的城镇以及城镇进一步扩大后对绿洲小气候的影响；潘竟虎等（2010）采用单窗算法，反演了张掖绿洲 1999 年和 2007 年两个时期的陆地表面温度，构建了绿洲冷岛比例指数，定量分析了张掖地区近 8 年来绿洲冷岛效应的时序变化，为研究绿洲的光、热、水、土的空间分布及区域变化，评价绿洲的稳定性提供了一种新的角度。

1.3.2　绿洲稳定性评价指标体系研究

如何保持绿洲的稳定性并促使绿洲进入可持续发展的轨道是一个复杂的问题。只有建立起一套评估绿洲稳定性的指标体系，才能利用地理信息系统等先进的研究方法和手段对绿洲稳定性进行监测和预测，使绿洲发展不偏离可持续发展的轨道；也只有建立一套科学、严密、完整的绿洲稳定性评价指标体系，才能了解绿洲发展与绿洲稳定可持续发展目标之间的差距，才能对绿洲稳定性水平进行横向和纵向的比较，找出存在的不足，校正发展方向，使绿洲化发展从理论阶段进入可操作阶段。

关于绿洲稳定性及其评价指标体系的研究，由于研究者自身知识和经验的不同，出发的角度不同，造成同一对象的评价目的不同，评价指标不同或评价目的相同而评价指标却不同等多种局面，目前绿洲稳定性评价指标体系的研究大多是从生态角度或者区域可持续发展角度出发的，而景观角度与荒漠角度的研究较少。

1. 生态角度的绿洲稳定性评价指标体系

绿洲生态系统是一个复杂的系统，涉及自然与人文等诸多要素，定量评价其质量优劣状况具有重要意义也存在一定难度。目前生态角度的绿洲稳定性评价指标体系主要有：蒙吉军等（1998）以"生态—生产—生活"为中间层，构建评价指标体系，对张掖绿洲做了评价；张传国（2001）从"三生"承载力的角度出发，构建了由 86 个指标组成的绿洲承载力评价指标体系；衷平等（2003）从生态风险角度（水资源短缺风险、土壤风险和植被破坏风险）建立了相应的风险指标体系，并对石羊河流域绿洲稳定性做了评价；吴秀芹等（2003）选用地下水、植被类型和土地利用程度 3 个系统，建立指标体系对塔里木河流域的绿洲生态环境进行了评价；杜巧玲等（2004）从绿洲生态安全角度建立水安全评价指标、土地安全评价指标及经济社会安全评价指标组成的绿洲生态安全评价综合指标体系，并对张掖、临泽、高台、鼎新和额济纳 5 个绿洲进行了综合评价；刘振波等（2004）将绿洲系统分为资源子系统、环境压力状况子系统和社会经济子系统，并建立绿洲生态环境评价指标体系对张掖绿洲作出了评价；仲嘉亮等（2004）选用生物丰度、植被覆盖、水网密度、土地退化和污染负荷 5 个子系统构建指标体系对塔里木河流域的生态环境质量做了综合评价研究；周跃志等（2005）按照绿洲生态经济大系统的思想建立了现代绿洲稳定性评价的模型，建立评价指标体系对阜康绿洲进行了评价；江凌等（2006）从复合生态系统的角度对在城市化进程中的绿洲生态系统稳定性概念和相关属性进行了探讨，初步建立了绿洲稳定性评价的指标体系和评定方法，并对新疆昌吉绿洲生态系统的稳定性进行了评价；樊华等（2007）经过多次综合专家意见，选定 14 项指标作为石河子市绿洲生态环境质量综合评价指标并对其做了评价；张平等（2009）以 1991～2007 年瓜州县统计数据为基础，从自然资源状况、环境压力、社会经济状况 3 方面建立瓜州绿洲生态系统稳定性评价指标体系并对其进行综合评价等。

2. 区域可持续发展角度的绿洲稳定性评价指标体系

绿洲稳定性的实质是绿洲所在区域的可持续发展，故此绿洲稳定性评价指标体系属于可持续发展角度的研究最多,如:马彦琳(2000)从可持续发展农业的角度出发,建立了干旱区绿洲评价指标体系,并对吐鲁番绿洲稳定性进行了评价;苏培玺等(2001)从人口、资源、环境、社会和经济五个层面建立了 25 个可持续发展指标对河西走廊绿洲的稳定性进行了评价研究;赵雪雁(2001)建立了由 14 个因子组成的绿洲可持续发展评价指标体系,并对石羊河下游的民勤绿洲做了评价;曹广超等(2003)从资源环境、社会、经济 3 个层面出发,构建可持续发展指标体系对柴达木盆地东部绿洲地区绿洲稳定性进行了评价研究;韦如意(2004)把绿洲系统划分为资源环境和社会经济 2 个子系统,构建 24 个评价指标,对新疆吐鲁番、阜康、沙湾以及精河等 10 个绿洲的稳定性做了评价;袁榴艳等(2004)从经济、社会、能源、环境等 8 个方面构建评价指标,对新疆绿洲可持续发展进行了评价分析;李凡等(2005)从可持续发展的角度构建评价指标体系对黑河绿洲进行了评价诊断;周跃志等(2005)从经济发展度、生态稳定程度、协调度出发构建评价指标体系对以阜康为代表的现代绿洲稳定性进行了评价;毋兆鹏(2008)把博、精河流域绿洲系统分为自然环境系统、社会系统、经济系统和自然灾害系统 4 个子系统,构建 23 个指标,对其 3 个时期的绿洲稳定性作了评价;丁建丽等(2008)把绿洲系统分为资源环境和社会经济 2 个子系统,构建优化的指标体系共 18 个指标,对研究区 3 个时期绿洲稳定性进行了综合评价和分析;王耀斌等(2009)依据额济纳绿洲的实际及研究的需要,把绿洲系统分为生态资源环境子系统、生态资源环境压力子系统以及社会经济人口子系统,选取 12 个指标对该绿洲的可持续发展做了评价等。

3. 景观角度与荒漠角度的绿洲稳定性评价指标体系

景观角度的绿洲稳定性评价指标体系的典型代表人物是曹宇等(2005),他们从景观健康角度出发,选取 13 个景观变化指标、8 个生物物理指标、4 个生态环境指标及 10 个社会经济指标建立了相应的指标体系,并对额济纳绿洲的稳定性做了评价。荒漠化角度的绿洲稳定性评价指标体系代表有贾宝全、王立等,贾宝全(2001b)针对目前绿洲荒漠化问题,基于灌丛沙堆发育程度、土壤、植被、人为因素、地貌形态及其发育程度等 5 个方面提出了绿洲沙质荒漠化评价指标体系,并对民勤绿洲做了评价;王立(2005)通过对石羊河流域的典型调查,对影响绿洲荒漠化的植被盖度、坡度、沙丘高度及地表形态等因素进行全面的分析,按照影响作用的大小赋予不同的权重评价分析了该流域绿洲等。

1.3.3　绿洲稳定性评价方法研究

绿洲稳定性评价方法由于评价目的、评价区域等诸多方面的差异，也呈现出多样性。常用综合评价方法被应用于绿洲稳定性评价的主要有灰色系统理论法、层次分析法、综合模糊评价法、主成分分析法、因子分析法以及聚类分析法等，具体如表 1-2 所示。

表 1-2　绿洲综合评价常用方法比较

评价方法名称	应用个别代表人及应用时间	应用绿洲	方法的优势	方法的劣势
灰色系统理论法	方创琳（1996）	河西走廊绿	能处理信息部分明确部分不明确的系统，所需信息量不大，可处理相关性大的系统	定义事件变量几何曲线相似程度比较困难，应考虑所选变量具备可比性
	张金萍（2006）	宁夏绿洲		
	李筱琳（2008）	额济纳绿洲		
层次分析法	马彦琳（2000）	吐鲁番绿洲	系统、实用、简洁	粗略、主观：第一，它只能从原有方案中优选，不能生成新的方案；第二，它的比较、判断直到结果都是粗糙的，不适于精度要求很高的问题；第三，从建立层次结构模型到给出成对比较矩阵，人的主观因素的作用很大，这就使得决策结果难以为众人所接受
	苏培玺等（2001）	河西走廊绿洲		
	曹广超等（2003）	柴达木盆地绿洲		
	刘普幸等（2004）	酒泉绿洲		
	袁榴艳等（2004）	新疆绿洲		
	刘振波（2005）	张掖绿洲		
	樊华等（2007）	石河子绿洲		
	凌红波（2009）	玛纳斯河流域绿洲		
综合模糊评价法	杜巧玲等（2004）	黑河中下游的绿洲	能克服传统数学方法中"唯一解"的弊端，根据不同可能性得出多个层次的问题题解，具有可扩展性；符合现代管理"柔性管理"的思想	不能解决评价指标间相关造成的信息重复；隶属函数、模糊矩阵的确定方法有待进一步探讨
	周跃志等（2005）	阜康绿洲		
	张平等（2009）	瓜州绿洲		
	潘竟源（2009）	民勤绿洲		
	艾合买提·吾买尔（2010）	于田绿洲		
主成分分析、因子分析及聚类分析法	李森等（2004）	额济纳绿洲	全面、客观，具有可比性，能处理相关程度大的研究对象	需要大量统计数据，无法反映客观发展水平
	李小玉（2006）	河西走廊绿洲		
	史小丽（2010）	玛纳斯河流域绿洲		
多属性决策法	潘竟源（2009）	民勤绿洲	可精确描述评价对象，处理多指标的评价问题	适用范围有限
物元分析法	张鑫（2009）	民勤绿洲	解决评价对象指标不相容性和可变性的问题	
信息熵理论评价法	王枫叶（2010）	酒泉绿洲	可以排除人为因素风险因素等的干扰，反映评价对象的客观信息	根据实际需要选择与主观方法相结合

近年来由于 3S 技术的突起，3S 技术被应用到绿洲稳定性研究中，如：石亚男

等（2003）应用 3S 技术，综合分析了绿洲范围内的地形、土壤性质、地表水与地下水分布等要素，评价和模拟了绿洲不同时空范围内水资源的供需平衡状况；崔卫国等（2005）根据绿洲发育特征以及与空间各环境变量之间的关系，利用 3S 技术构建了绿洲空间发育适宜性研究的数学模型；王承安等（2005）基于 3S 技术对阿拉善盟前后 7 年的生态环境现状进行定量获取，建立了生态环境现状本底数据库，为额济纳绿洲的稳定性评价提供了基础数据支持；侯建楠等（2007）利用 3S 技术对新疆绿洲演变进行监测与分析，为绿洲演变研究提供了新的方法和强有力的技术支持等。同时有的研究者也把常用综合评价方法与 3S 技术相结合来评价绿洲的稳定性，如：塔西甫拉提·特依拜等（2005）基于 3S 技术和层次分析法相结合，提出了绿洲-荒漠过渡带生态环境安全预警系统的建立思路和利用遥感数据进行预警的简单方法；阿不都克依木·阿布力孜等（2008）基于 3S 技术和层次分析法相结合，研究了绿洲-荒漠过渡带的生态安全，为深入研究绿洲稳定性提供了技术支撑等。

　　承上，对于绿洲及绿洲稳定性的研究已经有了一定的深度和广度，不只限于绿洲生态系统、景观和流域等层面，这对中国绿洲学的发展具有明显推动作用，但是仍有不足之处：在基本理论研究方面绿洲的科学定义仍然模糊、绿洲的分类依旧不明确，绿洲稳定性概念也各自为政；在绿洲稳定性评价方面，多为定性评述，定量评价研究较少；构建的绿洲稳定性评价指标体系通用性差，区域与区域间的可比性较差；综合评价方法方面，评价者使用的方法也层次不一，应用时研究者多强调该方法应用于绿洲评价的可行性与有效性，而忽略了方法使用的局限性以及可靠性高低问题；3S 技术在绿洲稳定性的评价中虽有应用，但研究较少，尤其是与其他技术的结合仅仅是近年来才开始，有待进一步加强。

第2章　综合评价理论

2.1　概　　述

综合评价是指对以指标体系描述的对象系统做出全局性、整体性的评价，即对评价对象的全体，根据所给的条件，采用一定的方法给每个评价对象赋予一个评价值，再据此择优或排序（王宗军，1998）。综合评价的实质是根据评价对象和评价目的，从不同的侧面选取刻画系统某种特征的评价指标，建立指标体系，通过一定的数学模型将多个评价指标值"合成"为一个整体性的综合评价值。

综合评价处理问题目前已被流程化，其一般思路和步骤如下（胡永宏等，2000）。

（1）确定评价目标和评价对象；

（2）建立指标体系，它一般由目标层、准则层和指标层组成，具有层次结构和关联性；

（3）评价指标的测度，即指标值的获取；

（4）评价指标的无量纲化处理；

（5）确定指标权重，并将无量纲化后的指标值与权重进行合成，建立评价函数；

（6）把评价对象的实际指标值代入评价函数，计算出综合评价值，据此对评价对象进行分类或排序；

（7）反馈与控制，根据评价结果，有时需要对以上有关步骤进行相应的调整、修正和多次迭代。

由此流程可以看出：综合评价处理问题的过程是定性与定量相结合、主观与客观相结合的复杂过程，不但要求评价方法客观、合理、公平和可操作，而且还要求评价过程具有可再现性。综合评价理论主要包括指标体系理论、指标权重理论以及评价方法三大理论体系。

2.2　综合评价指标体系理论

综合评价指标体系的构建分为指标体系初建、指标筛选和指标体系结构优化三个步骤。

1. 指标体系初建

指标体系的初建主要包括两个环节：首先要明确评价对象和评价目标，因为评价对象和评价目标直接决定了指标体系的构建和评价方法的选择，也确定了评价子系统。评价子系统不但具有一定的独立性，能反映系统某一方面的特征，同时合在一起又能全面反映评价目标。其次，指标体系初建方法的选取，无论是采用"自顶向下"还是"自下而上"的指标体系构建顺序，在选取指标时都要充分考虑各指标内涵、计算方法、计量单位等，还需要明确指标在评价体系中的作用、标志及操作性定义、计算方法等。常用综合评价指标体系的初建方法及比较如表 2-1 所示（李远远，2009）。

表 2-1　常用综合评价指标体系的初建方法及比较

方法名称	方法原理	应用领域	优点	缺点
综合法	对已存在的指标群按一定标准进行聚类	西方国家社会评价指标体系等	借鉴了前人的研究经验，克服了由于主观认识造成的随意性，同时也综合了多种不同观点	基于已有指标体系的归类研究，对于新的评价对象由于没有可以参考指标而无法使用
分析法	将指标体系的度量对象和度量目标划分成若干个不同评价子系统，并逐步细分，形成各级子系统及功能模块	可持续发展评价指标体系、经济效益评价指标体系等	对评价对象系统科学的分析，生成指标体系，集中反映了评价对象具有代表性的特征属性	在分析过程中受到评价者自身知识结构、认识水平和模糊性等影响，存在一定主观性
目标层次法	首先确定评价对象发展的目标，即目标层，然后在目标层下建立一个或数个较为具体的分目标，称为准则，准则层则由更为具体的指标组成，形成指标体系	规划方案综合评价等	通俗易懂、计算简便、实用性强，而且，通过确定目标结构，可以减少指标之间交叉重复	目标层和准则层的选择存在主观随意性
交叉法	通过二维或三维或更多维的交叉，派生出一系列的统计指标，从而形成指标体系	经济效益统计评价指标体系、社会经济科技协调发展评价指标体系等	能体现出两种或三种要素之间的对比或协调	应用范围有限
指标属性分组法	从指标属性角度构思指标体系中指标的组成（先按动态/静态来分，再按绝对数/相对数/平均数来分）	失业状态评价指标体系等	全面地构建指标体系	容易造成指标重复

2. 指标筛选

初建指标体系得到的是关于评价对象和评价目标的"指标可能全集"，需要进一步筛选，以得到指标的"充分必要集合"。指标筛选一般都需要定性与定量分析相结合，降低指标冗余度（苏为华，2001）。定性分析筛选指标主要着眼于指标可获取性、指标计算方法及内容的科学性，以及指标之间的协调性、必要性和完备性等。关于定量分析筛选指标方面学者们已做了大量的分析，研究发现：比较典型的定量分析筛选指标的方法是统计方法，其原理是将大量指标缩减成具有显著统计特征的一组（Meng，1995），这种方法对于线性问题及一些特定的非线性问题很容易找出相关变量，但是对于复杂的非线性问题则需要借助神经网络、粗糙集等知识挖掘技术；神经网络凭借其非线性映射能力和泛化能力，无需先验假设，能避免主观因素对指标选择的干扰，建模过程简化且精度较高，为非线性系统的指标体系筛选提供了有效的方法；而粗糙集属性约简方法可以减少冗余和关联指标，在剔除不相关或不重要的指标时，并不影响评价的效果（Pawlak，1991）。为了更好地融入专家知识和经验，专家法、Vague 集方法都能更好地借助专家知识，Vague 集方法还能表示专家支持、反对和弃权的情况，从而使得关键指标体系的建立过程更为流畅和简单易行，故此目前指标的筛选是一个多方法综合应用的筛选过程。

3. 指标体系结构优化

指标体系结构优化主要是检查评价目标的分解是否完备，避免目标交叉而导致指标体系结构混乱，分析指标体系内部各层元素的重叠性与独立性。若出现了子目标之间的相互包含，则应当将重叠的子目标进行合并，或是将重叠的部分从指标体系中剥离（苏为华，2000）。当前的指标体系结构优化方法大都以图论和信息系统的相关理论为基础，检验各子系统划分的合理性。

2.3 综合评价指标权重理论

综合评价指标权重确定的方法有主观赋权法、客观赋权法和组合赋权法三种，当前实际应用中都采用组合赋权法，因为该方法克服主观赋权法（以人的主观判断作为赋权的基础，过于依赖专家的主观判断，具有较强的主观性和随意性）和客观赋权法（没有考虑综合评价中人的因素，过分强调从数据中挖掘指标的重要度信息，很可能违背指标的实际意义，以致指标权重不能完全体现各指标自身的实际意义和在指标体系中的重要性；同时，样本的变化会带来权重的变化，致使结果具有不稳定性）的弊端，将主观赋权法与客观赋权法相结合，主观赋权法体现指标的价值量，客观赋权法体现指标的信息量，结合后二者的特点兼而有之。

2.4　综合评价方法理论

评价方法的科学性是客观评价的基础，因此对综合评价方法的研究具有广泛的意义。综合评价方法研究吸引理论工作者在该领域开展了大量的研究，用于综合评价的方法很多，但由于各种方法出发点不同，解决问题的思路不同，适用对象不同，又各有优缺点，以至人们遇到综合评价问题时不知该选择哪一种方法，也不知评价结果是否可靠。目前，常用的综合评价方法有 9 种，主要包括定性评价方法（专家会议法、Delphi 法）、技术经济分析法（经济分析法、技术评价法）、多属性决策法（多属性与多目标决策方法）、运筹学方法（数据包络分析法）、统计分析法（主成分分析、因子分析、聚类分析、判别分析）、系统工程方法（评分法、关联矩阵法、层次分析法）、模糊数学方法（模糊综合评价、模糊积分、模糊模式识别）、对话评价方法（逐步法、序贯解法、Geoffrion 法）及智能化评价方法（基于 BP 人工神经网络的评价）等，具体参见陈衍泰 2004 年在《管理科学学报》发表的《综合评价方法分类及研究进展》一文。

第3章 额济纳绿洲概况

3.1 地 理 位 置

额济纳绿洲又称居延绿洲,地处我国北部边疆,河西走廊黑河流域的下游地区。该绿洲南接甘肃省黑河下游弱水段鼎新绿洲,西抵马鬃山和北山相连的山脉,北连苏泊淖尔(东居延海)和嘎顺淖尔(西居延海),东连巴丹吉林沙漠,依托额济纳河流域东、西两河及其19条干、支流,呈扇形分布在黑河下游的额济纳河冲积平原上(图3-1)。海拔900~1100m,地势由西南向东北逐渐倾斜,隶属内蒙古自治区阿拉善盟的额济纳旗。额济纳旗辖区97°10′23″~103°7′15″E、39°52′20″~42°47′20″N,总面积约102461.30km²。

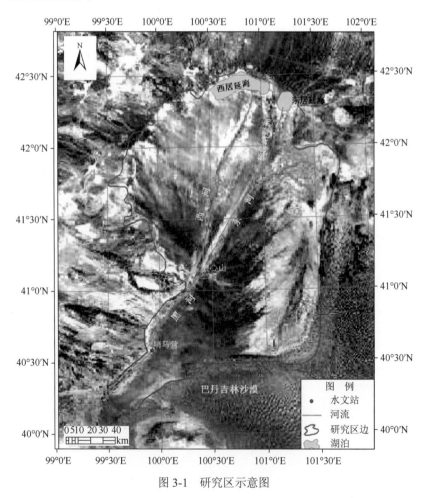

图3-1 研究区示意图

3.2　气候特征

额济纳绿洲深居内陆，具有气候干燥、降水量少、蒸发量大、冬季寒冷、夏季炎热、气温年差和日差较大、光照充足、风沙多等气候特点，为典型的大陆性气候。具体特征如下。

1. 气温

据统计，该区多年平均气温 8.2℃，年最高气温出现在 7 月份，极端最高气温为 43.1℃，年内最低气温为 12 月至翌年 2 月，极端最低气温为−37.6℃，年平均气温日较差 17.2℃，最高气温日较差 29.1℃，无霜期 146d。

2. 降水

额济纳绿洲地处内陆深处，降水极少，蒸发量却极大。据统计多年平均降水量为 36.6mm，年最大降水量为 64mm，最小降水量为 7.0mm；多年月平均降水量为 2.95mm，最少月份降水量只有 0.2mm，最多月份平均降水量为 9.4mm，降水十分稀少，多集中在每年的 6~9 月，约占全年降水量的 70%~80%，不能满足农作物和牧草正常生长的需要。多年平均蒸发量为 3505.7mm，最高达 4384.4mm，为降水量的 100 倍；多年月平均蒸发量是 282.22mm（用 φ20cm 的蒸发皿测得），主要集中在 6~8 月。多年平均气温在波动中有所上升，特别是从 20 世纪 90 年代开始，上升更为明显，而多年平均降水量则在波动中基本保持不变的趋势。

3. 热量

该区光照充足。据统计，年日照时数约为 3443.6h，太阳辐射热量总量达 157.5kcal/cm^2，干旱指数高达 47.5，年≥0℃积温为 4073℃；≥5℃积温 3965℃；≥10℃积温 3695℃；太阳辐射总量最多的是达赖库布地区，为 668.6J/cm^2，最少的是苏泊淖尔区，为 647.7J/cm^2。

4. 风

绿洲全年以春季风为多且风大，盛行偏西风和西北风，夏季多为偏东风。全年平均风速 4.5m/s，最大瞬时风速为 25m/s，全年平均八级以上大风日数为 52d，年均扬沙日数为 250d，年均沙尘天气为 20d。

5. 沙尘暴

本区大风日数较多，常引起沙尘暴，尤其以春天沙尘暴天气最为频繁。据统计，全年沙尘暴日数平均为 20d，最高可达 46d，近几年有增加的趋势。

3.3 水 文 特 征

黑河是唯一流入额济纳绿洲的河流，也是我国西北地区第二大内陆河。其发源于青藏高原北部祁连山北麓，流经青海、甘肃和内蒙古，全长 821km，流域面积 14.29 万 km² （其中干流水系 11.6 万 km²），以莺落峡和正义峡为上、中、下游分界点。上游为青藏高原北部边缘的祁连山地，有冰川分布，河道长 303km，流域面积 1 万 km²，年降水量 350mm 以上，是黑河流域的产流区和水源来源区；中游地处河西走廊，为平原盆地区，河长 185km，流域面积 2.56 万 km²，多年平均降水量 140mm，蒸发量 1410mm，是黑河流域的耗水区和径流利用区；下游属阿拉善高原区，除河流两岸和居延三角洲绿洲外，大部分为荒漠、沙漠和戈壁，河长 333km，流域面积 8.04 万 km²，年降水量只有 40mm，而蒸发量却在 2500mm 以上，属极度干旱区，为径流消失区。黑河进入额济纳旗流程约 270km，称为额济纳河。额济纳河是内蒙古西部阿拉善高原荒漠区少有的内流河，也是额济纳绿洲唯一的季节性内陆河流，该河至狼心山分为东河（纳林高勒）和西河（穆仁高勒），东河向北又分八条支流呈扇状汇入东居延海（索果诺尔），西河向北也分四条支流汇入西居延海（嘎顺诺尔），两河漫流于三角洲平原上，共有 19 支干流，平均河宽 250m，河道浅宽，洪水时河水漫溢出河床，在河床附近形成河漫滩。据记载 20 世纪 50 年代前，黑河水四季长流，源源不断，居延海依旧碧波荡漾，但从 60 年代开始，基本处于长期干涸状态，只有在特大洪水时才有短暂水流。有研究将 21 世纪前的下游入境水量的变化化分成 3 个阶段：第 1 阶段为 1940～1960 年，属于水量缓慢减少的阶段；第 2 阶段为 1960～1980 年，该阶段来水量基本没有太大变化，属于相对稳定阶段；第 3 阶段就是自 1980 年以来的水量急剧减少阶段，尤其是近几年来的上游来水量仅仅在 $(1～2)×10^8 m^3$ 附近徘徊，这足以说明额济纳天然绿洲自黑河中、上游地区下泄入境的来水量 20 世纪前呈逐年递减趋势。

3.4 植被和土壤

额济纳绿洲植被主要有两大类：荒漠植被和草甸植被。其中荒漠植被主要分布在干旱的低山丘陵和戈壁平原上，植被覆盖度变化较大，为 5%～30%，主要植物为红砂，其次有霸王、泡泡刺、梭梭、沙拐枣、西伯利亚白刺、柽柳、沙冬青等。草甸植被分布于额济纳河两岸和湖盆低地，河岸周围以胡杨和柽柳为主，湖盆地带以芦苇为主，植被覆盖度随群落组成有差异，一般为 30%～50%，主要优势植物为胡杨、柽柳、沙枣、芦苇、芨芨草和杂类草，伴生植物有苦豆子、白刺、麻黄、红砂、碱草、盐爪爪、珍珠、枸杞、骆驼刺等。据张小由等（2004）的划分，额济纳绿洲植被生态系统包括河岸林生态系统、荒漠草原生态系统、水域系统及其他难以利用土地系统，其中河岸林生态系统是指以胡杨为主体的河岸乔木林和以柽柳为主的河岸灌木林，占绿洲面积的 4.7%；荒漠草原生态系统，有荒漠稀疏灌丛和荒漠稀疏草原，占 16.3%；水域系统，有季节性河流和湖泊，占 0.2%；其他难以利用土地系统，包括沙地、戈壁、滩地以及盐碱地、低山丘陵，占 78.8%。

额济纳绿洲受高原干旱气候及周边山地、沙漠的影响，土壤组合及分布呈水平地带性分布规律，土壤类型主要为灰棕漠土，但非地带性土壤也广泛分布，土壤类型主要有草甸土、盐土、风沙土等，土壤质地以壤质土为主，盐碱化严重。其中灰棕漠土主要分布在巴丹吉林沙漠以北和以西；非地带性草甸土主要分布于苏泊淖尔苏木和巴彦宝力格苏木交界以北，沿额济纳河岸两侧、河岸阶地和湖盆洼地上；盐土主要集中在苏泊淖尔苏木和巴彦宝力格苏木交界以南；风沙土与灰棕漠土相间分布，主要在巴丹吉林沙漠中。张小由等（2004）、刘蔚等（2005，2008）研究表明，额济纳绿洲的土壤质地粗，含盐量高，表聚性强；在不同的地貌部位上，土壤含盐量、盐分类型差异很大。大致规律是：戈壁滩上土壤含盐量较低；沿河谷方向，从上游向下游含盐量逐步增高；河谷横剖面上土壤含盐量、离子类型变化显著，土壤含盐量最高的部位多为现代河水不能漫流、地势又相对低洼的地方如河漫滩，湖盆边缘，古河床等；而在现代河水能漫流的地方，土壤含盐量较低。

第4章 额济纳绿洲稳定性指征的表征研究

　　绿洲和荒漠是干旱区内截然不同的两类景观类型，然而二者相互依存，相互转化，即发生"荒漠绿洲化"或"绿洲荒漠化"。但是，无论发生哪种变化，都可归结为绿洲的组成要素发生了变化，绿洲的稳定性被打破。而这种改变无论是自然引起，人为引起，还是二者叠加引起，最终都会通过自然因素的水资源、植被、土壤以及 LUCC 的变化表现出来。如果人们不重视这些表征要素的局部变化，对引起这种变化的内在驱动因子不积极采取相应措施，那么累积到一定程度，绿洲的稳定性就会被打破。因此，绿洲稳定性的研究首先就应该分析研究各要素的表征变化。

4.1 额济纳绿洲稳定性的水资源表征

　　额济纳绿洲降水十分稀少，水资源主要分为地表水和地下水。其中地表水资源主要有河流与湖泊两种形式，而本地湖泊分布较少，主要有苏泊淖尔（东居延海）、嘎顺淖尔（西居延海）、巴丹吉林沙漠西缘和西北边缘的古日乃湖和拐子湖，古日乃湖、拐子湖主要依靠地下水溢出补给（仵彦卿等，2000），东、西居延海主要靠河水补给。由于上游的用水控水增多，使得额济纳河水量逐年减少，河道断流，西居延海于 1961 年干涸，至今没有恢复，东居延海于 1992 年干涸，成了间歇性湖泊，加之其储水量小，故此湖泊对本地水资源的开发利用没有实际意义，本书对水资源表征的研究只限地表水（河流径流）和地下水。

4.1.1 地表水（河流径流）资源表征

　　黑河自正义峡流出的水量是维系额济纳绿洲的唯一水源，黑河流入下游地区水资源水量的多寡取决于黑河向下游的泄水量，但是由于中上游地区用水量逐年增加，黑河经狼心山进入额济纳的水量逐渐减少，进入尾闾东、西居延海的水量也随之减少，黑河下游断流时间加长（席海洋等，2007）。统计资料表明：20 世纪 30 年代前，黑河流入额济纳东、西河水量超过 $15.0 \times 10^8 m^3$，东、西居延海水域面积近 $500 km^2$；40 年代，流入水量近 $13.49 \times 10^8 m^3$，东、西居延海水域面积还超过 $300 km^2$；50 年代，流入水量约 $12.33 \times 10^8 m^3$，东、西居延海水域面积约 $200 km^2$，年均断流日数为 37.5d；到了 20 世纪 60～70 年代，流入水量减少到 $10.0 \times 10^8 m^3$ 左右，东、西居延海先后干涸，年均断流日数约为 60d；80 年代，来水量少于 $10 \times 10^8 m^3$，西居延海干涸，东居延海水域仅 20km² 左右，年均断流日数为 50.6d；90 年代，来水量只剩下 $3.0 \times 10^8 m^3$，1992 年东居延海再次干涸，年均断流日数达到了 89.9d，与 60 年代以前相比年均断流日数增加了 50d 左右；进入 2000 年以来，每年流入额济纳河的水量已不足 $3.0 \times 10^8 m^3$。

根据莺落峡、正义峡多年完整径流资料统计（表 4-1）可知：20 世纪 50 年代莺落峡年径流量为 $16.665 \times 10^8 m^3$，60 年代和 70 年代分别降至 $15.841 \times 10^8 m^3$、$14.640 \times 10^8 m^3$，80 年代回升到 $17.559 \times 10^8 m^3$，90 年代为 $15.839 \times 10^8 m^3$。同时段的正义峡年径流量分别为 $12.230 \times 10^8 m^3$、$10.650 \times 10^8 m^3$、$10.550 \times 10^8 m^3$、$10.993 \times 10^8 m^3$ 和 $7.694 \times 10^8 m^3$。50 年代、60 年代和 70 年代，正义峡与莺落峡平均年径流量之比分别为 0.734、0.672 和 0.721。两站年径流量的年际变化基本同步。这说明正义峡水量的变化主要受上游来水量变化的制约，下游与上游同步增减。但 20 世纪 80 年代以来，正义峡与莺落峡年径流量之比降为 0.626，90 年代更是降到 0.486，说明随着中游用水量的继续增加，正义峡来水量锐减，直接导致了经狼心山进入额济纳绿洲的水量减少。

表 4-1　莺落峡与正义峡年代径流对照表

时间	莺落峡年径流量/（$\times 10^8 m^3$）	正义峡年径流量/（$\times 10^8 m^3$）
20 世纪 50 年代	16.67	12.23
20 世纪 60 年代	15.84	10.65
20 世纪 70 年代	14.64	10.55
20 世纪 80 年代	17.56	10.99
20 世纪 90 年代	15.84	7.69

据狼心山水文站的多年径流统计资料来看：1990～2000 年，狼心山水文站的年径流量一直呈下降趋势（图 4-1），以 2000 年转折点到 2008 年，年径流量呈明显上升趋势（图 4-2）。同时，受上中游季节性用水的影响，导致进入黑河下游的径流 70% 以上集中在 1～3 月和 7～8 月（席海洋，2009），其他时间河道基本处于干涸状态，已经成为季节性河流，河水径流量年内、年际变化很大。

综上，额济纳绿洲的地表水资源表征主要是：地表径流减少，河道断流日数增加，湖泊干涸；同时河流径流量年内、年际变化大，已成季节性河流，而引起这一切的原因是中上游用水的增加。2000 年黑河分水以来，流经狼心山的径流明显增加，但东、西居延海多时仍处于干涸状态。

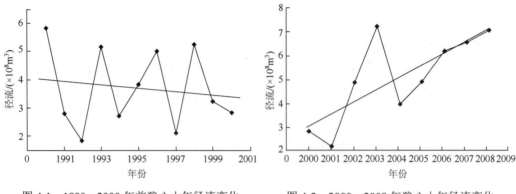

图 4-1　1990～2000 年前狼心山年径流变化　　　　图 4-2　2000～2008 年狼心山年径流变化

4.1.2　地下水资源表征

额济纳绿洲地下水资源不仅直接影响着当地的社会经济发展及生态环境,而且也是衡量当地水资源的一个重要指标。额济纳绿洲地下水的补给主要是黑河入境水的入渗补给,黑河在额济纳绿洲内的流程约 250km,河床浅而宽,包气带岩性为砂和砂砾石,入渗条件较好。在每年的来水季节,河水在沿途垂直入渗补给地下水,或在绿洲区被引灌草场、农田,然后再渗入补给地下水。河水补给地下水的地段,主要发生在地湾东梁—狼心山、东河狼心山—达来库布镇、西河狼心山—赛汉陶来以南地段。通过张小由等(2006)的水文地质分析计算,在 20 世纪 90 年代以前每年河水渗漏对地下水的补给量可达 $5.3 \times 10^8 m^3$,占补给总量的 66.4%。由于受黑河上、中游来水限制,河道渗漏对地下水的补给量很不稳定,并随流经狼心山进入额济纳绿洲的水量的减少而减少。地下水侧向径流的补给主要是平原东南部巴丹吉林沙漠潜水补给和黑河上游方向鼎新盆地的潜流补给,补给量约 $1.2 \times 10^8 \sim 1.4 \times 10^8 m^3/a$(根据甘肃省地质局水文地质二队 1980 年天仓—咸水 1:20 万和中国人民解放军00927 部队 1980 年务桃亥—特罗西滩 1:20 万水文地质普查资料,按达西公式计算)。再加上灌溉水的回渗等补给,整个额济纳绿洲地下水每年总补给量在 $8.0 \times 10^8 m^3$ 左右。而额济纳绿洲地下水的排泄以蒸发蒸腾排泄为主,蒸发排泄量占总排泄量的96.75%(武选民,2002a,2002b),其余为人工开采。据分析,额济纳绿洲近年来地下水处于负均衡状态,每年地下水系统储存量减少 $0.95 \times 10^8 m^3$。从地下水的补给来源分析,地下水补给量中 66.4%以上来自于河道渗漏,而地下水的排泄又以蒸发蒸腾排泄为主,占总排泄量的 96.74%。因此,额济纳绿洲区属于一个以河水为主要补给来源的水资源系统,绿洲水资源的变化主要受黑河上游来水量的制约,在水量和时间上都表现出明显受人为因素控制的特点（张小由，2006）。同时，地下水水位季节变化明显。有研究表明：20 世纪初，额济纳绿洲地下水水位普遍较高，绿洲局部地区地下水水位埋深小于 1m，但自 60 年代以后，随着黑河上游来水量的不断减少，地下水补给量减少，造成额济纳绿洲地下水水位普遍下降，水质趋于恶化，到 20 世纪末期，随着黑河中、上游用水强度快速加大，地下水水位下降更快，区域生态环境已朝恶性方向发展。自 2000 年国家强制实施分水至今，区域地下水水位有所提升，区域生态环境也有所改善。席海洋（2009）对绿洲地下水做了详尽研究，据其结论及相关数据，额济纳绿洲的地下水水资源表征分析如下。

1. 分水前后地下水水位变化

分水前的 20 世纪 40 年代，额济纳绿洲地下水水位为 0.50～1.00m，沿河还有许多小型湖泊和泉水，水质良好，但随狼心山入境水量的减少，地下水位不断下降。从表 4-2 可以看出：①40 年代狼心山入境水量 13.49×10⁸m³，地下水位为 0.50～1.00m；70 年代狼心山入境水量减至 10.52×10⁸m³，地下水位为 1.20～4.50m，东、西河地下水水位平均 2.75m；90 年代狼心山入境水量减至 3.47×10⁸m³，地下水位 1.90～7.00m，其中西河下段与东河下段达到峰值 5.00～7.00m，4.50～5.80m，东、西河地下水水位平均接近 4.00m；分水后，从 2002 年到 2005 年随径流量的增加，地下水位也随之抬升。2002 年分水量为 4.85×10⁸m³，东、西河地下水水位平均为 3.02m，比 90 年代年抬升近 1m；2003 年分水量为 7.17×10⁸m³，东、西河地下水水位平均为 2.68m，比 90 年代年水位抬升 1.30m；2004 年、2005 年分水量分别为 3.93×10⁸m³ 和 4.89×10⁸m³，比 2003 年分水量分别少了 3.24×10⁸m³ 和 2.28×10⁸m³，东、西河地下水水位平均分别为 2.95m 和 2.94m，比 2003 年的 2.68m 又有所下降，但与 90 年代相比抬升仍接近 1m。显然，狼心山的入境量直接影响着额济纳绿洲的地下水水位埋深，径流量越大，地下水水位埋深就越高，研究表明二者呈典型的线性相关，相关系数达 0.9384（席海洋，2009）。②地下水位下降幅度表现为河流的下段区域高于上段区域。分水前，在西河流域上段地下水位从 20 世纪 40 年代到 90 年代年下降了 1.7～2.6m，中段下降了 3.2～3.6m，下段下降了 5.0～6.0m；东河流域的地下水位上、中、下段则分别下降了 2.3～2.4m、1.4～2.3m 和 4.0～4.8m；分水后 2000～2005 年，该区域的地下水位又有一定幅度的回升，其中，西河流域上段地下水位上升了 0.2～0.3m，中段上升了 0.7～1.0m，下段上升了 1.6～2.4m，东河流域的地下水位上、中、下段则分别上升了 1.0～1.3m、0.1～0.6m 和 1.0～1.5m。

表 4-2　狼心山入境径流量与东、西河地下水水位关系表

时间	狼心山径流量/(×10^8m^3)	西河地下水水位/m			东河地下水水位/m			西河地下水水位平均/m	东河地下水水位平均/m	东西河地下水水位平均/m
		上段	中段	下段	上段	中段	下段			
20 世纪40 年代	13.49	0.5～1.0	0.5	1	1.0～1.5	0.5～1.0	0.5～1.0	0.75	0.92	0.84
20 世纪50 年代	12.33									
20 世纪60 年代	10.52									
20 世纪70 年代	10.52	1.6～3.4	1.6～2.5	3.4～4.1	1.3～2.9	1.2～3.2	3.3～4.5	2.77	2.73	2.75
20 世纪80 年代	9.68									
20 世纪90 年代	3.47	2.3～3.6	3.2～4.1	5.0～7.0	3.3～3.9	1.9～3.4	4.5～5.8	4.19	3.79	3.98
2000 年	2.82	2.14	2.16	3.44	3.13	2.89	3.82	2.58	3.28	2.93
2001 年	2.64	2.12	2.23	3.74	2.73	2.78	3.54	2.7	3.02	2.86
2002 年	4.85	2.06	2.23	4.85	2.65	3.33	3.01	3.05	3.00	3.02
2003 年	7.17	1.96	1.87	4.29	2.26	3.03	2.63	2.71	2.64	2.68
2004 年	3.93	2.01	2.16	4.47	2.69	3.49	2.86	2.88	3.01	2.95
2005 年	4.89	2.03	2.09	4.69	2.51	3.62	2.72	2.94	2.95	2.94

2. 地下水水位空间变化

据席海洋（2009）等的研究分析，沿纬度方向从南到北的地下水水位埋深的变化趋势基本上是呈现先增加后减小的趋势，南部狼心山地区，地下水水位埋深较小，为 2～5m，而在赛汉陶来和达来库布镇附近，地下水位埋深较浅，为 0～4m，局部区域有泉水出露，地下水水位普遍较高；而在北部的戈壁地区及东西居延海和策克口岸地区，地貌类型以戈壁为主，这一地区的地下水水位埋深普遍较深，为 3～10m，地下水水位埋深的变化差异显著（图 4-3）。沿经度方向从西到东地下水水位埋深呈递增趋势，地下水水位埋深在西部地段处于 2～4m；在中部地段有所升高，主要受河道径流补给的影响，北部戈壁地区地下水水位埋深较大，变异程度较高；东部地段地下水水位观测井主要位于巴丹吉林沙漠边缘，这部分地下水水位埋深较浅（图 4-4）。

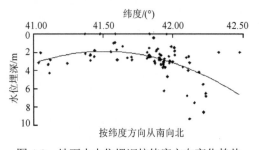

图 4-3　地下水水位埋深按纬度方向变化趋势

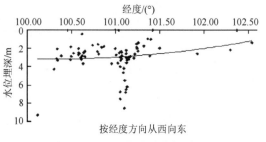

图 4-4　地下水水位埋深按经度方向变化趋势

4.2　额济纳绿洲稳定性的植被表征

植被作为干旱区重要的生态指标（Li，1999），能直观反映自然环境状况，任何植被覆盖变化都可揭示区域环境状况的演化与变迁。植被覆盖变化研究已成为揭示干旱区自然环境变化及其规律的重要手段（吴征镒等，1980）。植被作为生态环境"指示剂"，在干旱内陆河流域生态环境系统中的核心作用不容忽视（王根绪等，2002）。植被覆盖及其生长状况是反映区域生态环境现状的重要指标之一，而多年植被覆盖变化则可直观反映区域生态环境随时间的变化（贾艳红等，2007）。在黑河下游这个脆弱生态系统中，植被在维护生态环境稳定方面又具有不可替代的作用（赵文智，2001）。因此，对黑河下游植被覆盖变化研究意义重大。

归一化植被指数（normal difference vegetation index，NDVI）是目前最为广泛应用的表征植被状况的指数（Tucker，1979），可以很好地反映植被覆盖状况。国外学者对植被的研究主要是利用 NDVI 来分析植被覆盖变化趋势及其和气候的关系（Tucker，1979；Eklundh，1998；Nicholson，1994）。近年来，研究认为植被生长受到全球变暖的影响（Myneni et al.，1997，1998）。北半球高纬度地区植被活动显著增加（Myneni et al.，1997；Keeling et al.，1996；Zhou et al.，2003）。还有研究将植被覆盖变化与人类活动相联系（Vicente-Serrano et al.，2005），把巴西热带雨林地区、非洲和中亚地区的干旱半干旱荒漠地带看做该研究领域的热点地区（Tucker et al.，1999；Beurs et al.，2004；Barbosa et al.，2006）等。国内学者在该领域研究也很多，研究认为中国西部、西北部地区植被覆盖普遍增高（Zhang et al.，2006）。中国近20 年来植被活动明显增强（方精云等，2003）。气候因子对植被 NDVI 影响有明显的空间差异（陈云浩等，2001；李晓兵等，2002）。植被覆盖指数 NDVI 与气温、季节变化以及降水相关性非常高（孙红雨等，1998；李本纲等，2000；龚道溢等，2002；唐海萍等，2003）。降水是制约北方荒漠草原植被生长的根本原因，并有明显的滞后效应（李晓兵等，2000）等。

对黑河下游额济纳绿洲植被覆盖变化的研究，许多学者也做了大量卓有成效的工作，研究主要有：黑河下游植被覆盖变化与径流及地下水的关系研究（钟华平等，2002；张丽等，2002；席海洋等，2007；Jin et al.，2008；曹文炳等，2004；冯起等，2009）；黑河下游植被覆盖变化与土壤水盐平衡的关系研究（张勃等，2006；李志建等，2003）；黑河下游植被覆盖变化与气候变化的关系研究（曹玲等，2003；黄朝迎，

2003；李森等，2004）；黑河下游植被覆盖变化与人类活动的关系研究（张明铁等，2003；钟华平等，2002；苏永红等，2004）等。这些研究为下游植被恢复、生态重建提供了科学依据，但很少有研究从植被覆盖面积变化这个总的态势入手，分析研究绿洲植被覆盖变化趋势。本书根据额济纳绿洲的有关遥感影像数据，采用土地利用/土地覆盖变化（Land-use and land-cover change，LUCC）的相关模型，从总的态势方面对所选两个时段的绿洲植被覆盖面积变化、各植被覆盖等级间的转入、转出以及两个时段相关参数做了详尽的对比分析研究，旨在弥补上述空白，并为保护和恢复额济纳绿洲脆弱生态系统作出贡献。

4.2.1 研究采用的相关 LUCC 模型及植被覆盖等级划分

1. 植被覆盖等级划分

根据当前的植被划分等级及额济纳绿洲的实际情况，将额济纳绿洲的植被覆盖等级分为无植被覆盖、低植被覆盖、中植被覆盖以及高植被覆盖 4 类，如表 4-3 所示。

表 4-3　植被盖度等级划分

盖度区间/%	盖度等级	代码	描述
<5	无植被覆盖	N	相当于裸地、沙地、戈壁
5～30	低植被覆盖	L	相当于半流动沙地、低产草地和荒耕地
30～60	中植被覆盖	M	相当于灌木林地、中低产草地、固定沙地、滩水地
>60	高植被覆盖	H	相当于密灌地、密林地、优良耕地

2. 相关 LUCC 模型

根据研究目标，选取了变化率、动态度、变化趋势等 5 个参数模型（史培军等，2000）。

变化率 R_d (%)：反映不同土地覆盖类型在总量上的变化。

$$R_d = (U_b - U_a) / U_a \times 100\% \qquad (4-1)$$

单一类型动态度 R_s：表达区域一定时间内某一 LUCC 类型的数量的速度变化。

$$R_s = (U_b - U_a) / U_a / T \times 100\% = (\Delta U_{in} - \Delta U_{out}) / U_a / T \times 100\% \qquad (4-2)$$

单一类型动态度 R_{ss}：表达区域一定时间内某一 LUCC 类型的空间变化。

$$R_{ss} = (\Delta U_{in} + \Delta U_{out}) / U_a / T \times 100\% \qquad (4-3)$$

反映 LUCC 类型变化的趋势和状态指数 P_s：当 $0 \leqslant P_s \leqslant 1$ 时，变化为"涨势"；

当 $0 > P_s \geqslant -1$ 时，变化为"落势"。

$$P_s = R_s / R_{ss} = (\Delta U_{in} - \Delta U_{out}) / (\Delta U_{in} + \Delta U_{out}) \qquad (-1 \leqslant P_s \leqslant 1) \qquad (4\text{-}4)$$

反映区域 LUCC 整体的变化趋势和状态指数 P_t：$0 \leqslant P_t < 1/4$，为平衡状态；$1/4 \leqslant P_t < 1/2$，准平衡；$1/2 \leqslant P_t < 3/4$，不平衡；$3/4 \leqslant P_t \leqslant 1$，极端不平衡。

$$P_t = \sum_{i=1}^{n} \left| (\Delta U_{out-i} - \Delta U_{in-i}) \right| / \sum_{i=1}^{n} \left| (\Delta U_{out-i} + \Delta U_{in-i}) \right| \qquad (0 \leqslant P_t \leqslant 1) \qquad (4\text{-}5)$$

以上各式中 U_b、U_a 分别为研究初期和末期某一类型的面积，T 为研究时段，ΔU_{out-i} 为研究时段 t 时期内某一类型转变为其他类型的面积之和，ΔU_{in-i} 为其他类型转变为该类型的面积之和。

4.2.2　额济纳绿洲植被变化研究结果

1. 绿洲各植被覆盖面积变化

利用 ArcGIS 软件的统计功能，对 1990 年、2000 年和 2006 年 3 个时期的绿洲植被覆盖面积分类汇总，分析额济纳绿洲植被覆盖面积变化特征（表 4-4）。从表中可以看出：研究区覆盖的主体是无植被覆盖，其中 2000 年的面积最大，为 11183.76km²，占总面积的 69.41%，比 1990 年增加了 659.09km²；2006 年比 2000 年减少了 306.62km²，比 1990 年增加了 352.47km²；相反，2000 年低、中及高植被覆盖的面积都最小，比 1990 年依次减少了 497.06km²、148.78km²、13.17km²；2006 年比 2000 年依次增加了 240.79km²、57.14km²、8.49km²，比 1990 年分别减少了 256.27km²、91.64km² 和 4.68km²。

表 4-4　额济纳绿洲植被覆盖面积变化

植被等级	1990 年		2000 年		2006 年		1990~2000 变化量/km²	2000~2006 变化量/km²	1990~2006 变化量/km²
	面积/km²	比例/%	面积/km²	比例/%	面积/km²	比例/%			
N	10524.67	65.32	11183.76	69.41	10877.14	67.51	659.09	−306.6	352.47
L	5150.69	31.97	4653.63	28.88	4894.42	30.28	−497.06	240.79	−256.3
M	396.83	2.46	248.05	1.54	305.19	1.89	−148.78	57.14	−91.64
H	40.72	0.252	7.55	0.17	36.04	0.22	−13.17	8.49	−4.68

2. 1990~2000 年绿洲各植被覆盖动态变化

利用 ArcInfo 软件及地图代数方法（史培军等，2000）获得转移矩阵，而后计算得到表 4-5、表 4-6 和表 4-7，由此可知：1990~2000 年这一时期的植被覆盖变化主要表现为 L-N、M-N、N-L 和 M-L 植被覆盖四种变化类型，这四种变化类型占整个绿洲植被覆盖面积变化的 87%以上，具体表现为无植被覆盖增加，低、中植被覆盖减少。其中无植被覆盖的增加主要来源于低和中植被，低植被转化为无植被占无植被增加面积的 76.59%，而中占 21.06%；低植被覆盖的增加主要由无和中植被转化而来，分别贡献 58.53%和 36.76%；同样转变为中植被覆盖贡献大的为低和无植被，依次贡献为 47.07%、45.55%；而转变为高植被覆盖的无、低、中植被三者贡献相差不大，依次为 36.11%、20.00%、43.89%。整体来看，这一时期绿洲植被覆盖变化呈现出无植被覆盖的面积增加，呈涨势，而低、中、高植被覆盖面积都在减少，呈落势；其中中、高植被覆盖的减少趋势十分明显，对应的 R_d 为 –37.49 和 –32.34，对应的 R_s 分别为 –3.75 和 –3.23；呈长势的无植被覆盖 R_d 和 R_s 分别是 6.26 和 0.63；整个绿洲的状态和趋势指数 P_t=0.62，说明该区类型转移呈现双向态势，处于一种不平衡状态。

3. 2000～2006 年绿洲各植被覆盖动态变化

同理由表 4-8、表 4-9 和表 4-10 可知：2000～2006 年这一时期的植被覆盖变化主要表现为 N-L、L-N、L-M、M-N 和 N-M 植被覆盖五种变化类型，这五种变化类型占整个绿洲植被覆盖面积变化的 91%以上，具体主要表现为低、中植被覆盖增加，无植被覆盖减少。其中低植被覆盖的增加主要来源于无植被的转化，这种转化占低植被覆盖增加面积的 89.61%；中植被覆盖的增加主要是低与无植被的转化，分别贡献 67.64%和 29.79%；同样转变为无植被覆盖贡献大的低和中植被依次贡献 73.65%，24.43%；而转化为高植被覆盖的中、无、低植被，依次贡献了 53.61%，25.96%，20.43%。总体来看，这一时期绿洲植被覆盖只有无植被覆盖的面积减少，呈落势，而低、中、高植被覆盖面积都在增加，呈涨势；其中中、高植被覆盖的增加趋势比较明显，其中 R_d 分别为 23.04 和 30.82，R_s 分别为 3.84 和 5.14；呈落势的无植被覆盖 R_d 和 R_s 分别是 –2.74 和 –0.46；整个绿洲的状态和趋势指数 P_t=0.27，说明该区类型转移处于准平衡状态。

表 4-5　1990～2000 年额济纳绿洲植被覆盖变化转移矩阵（km²、%）

1990 年 ＼ 2000 年	N	L	M	H	合计（占%）
N		93.96	36.01	6.51	136.48
B		68.85	26.38	4.77	(13.55)

续表

1990 年＼2000 年	N	L	M	H	合计（占%）
C		58.55	45.49	36.01	
L	573.75		37.29	3.59	614.63
B	93.35		6.07	0.58	(61.04)
C	76.58		47.11	19.86	
M	157.79	59.00		7.98	224.77
B	70.20	26.25		3.55	(22.32)
C	21.06	36.77		44.14	
H	17.65	7.51	5.86		31.02
B	56.90	24.21	18.89		(3.08)
C	2.36	4.68	7.40		
合计	749.19	160.47	79.16	18.08	1006.90
（占%）	(74.41)	(15.94)	(7.86)	(1.80)	

注：B 表示 1990 年的 i 种植被覆盖等级转变为 2000 年的 j 种植被覆盖等级的比例，C 表示 2000 年的 j 种植被覆盖等级中由 1990 年的 i 种植被覆盖等级转化而来的比例。

表 4-6　1990～2000 年额济纳绿洲植被覆盖变化类型排序

编码	变化类型	单元面积/km²	总变化率/%	编码	变化类型	单元面积/km²	总变化率/%
21	L - N	573.75	56.98	41	H - N	17.65	1.75
31	M - N	157.79	15.67	34	M - H	7.98	0.79
12	N - L	93.96	9.33	42	H - L	7.51	0.75
22	M - L	59.00	5.86	14	N - H	6.51	0.65
23	L - M	37.29	3.70	43	H - M	5.86	0.58
13	N - M	36.01	3.58	24	L - H	3.59	0.36

表 4-7　1990～2000 年额济纳绿洲植被覆盖变化 LUCC 模型分析

植被分类	U_{1990} 面积/km²	$U_{1990～2000}$ 面积/km²	ΔU_{in} 面积/km²	ΔU_{in} 比例/%	ΔU_{out} 面积/km²	ΔU_{out} 比例/%	R_d	R_s	R_{ss}	P_s
N	10524.67	10388.19	749.19	7.12	136.48	1.30	6.26	0.63	8.42	7.48
L	5150.69	4536.06	160.47	3.12	614.63	11.93	−9.65	−0.97	15.05	−6.45
M	396.83	172.06	79.16	19.95	224.77	56.64	−37.49	−3.75	76.59	−4.90
H	40.72	9.70	18.08	44.40	31.02	76.18	−32.34	−3.23	120.58	−2.68

$P_t = 0.62$

注：$U_{1990～2000}$ 为 1990～2000 年未发生变化的覆盖类型面积；ΔU_{out} 为研究时段 1990～2000 年期间某覆盖类型类转变为其他覆盖类型的面积之和（转出），ΔU_{in} 为其他覆盖类型转变为该类面积之和（转入）。

表 4-8　2000～2006 年额济纳绿洲植被覆盖变化转移矩阵（km²、%）

2000 年 ＼ 2006 年	N	L	M	H	合计（占%）
N		566.48	64.03	7.49	638.00
B		88.79	10.04	1.17	（51.90）
C		89.61	29.78	25.87	
L	260.16		145.44	5.96	411.56
B	63.21		35.34	1.45	（33.48）
C	73.66		67.65	20.59	
M	86.31	57.44		15.50	159.25
B	54.20	36.07		9.73	（12.96）
C	24.44	9.09		53.54	
H	6.70	8.23	5.51		20.44
B	32.78	40.26	26.96		（1.66）
C	1.90	1.30	2.56		
合计	353.17	632.15	214.98	28.95	1229.25
（占%）	（28.73）	（51.43）	（17.49）	（2.36）	

注：说明同表 4-5。

表 4-9　2000～2006 年额济纳绿洲植被覆盖变化类型排序

编码	变化类型	单元面积/km²	总变化率/%	编码	变化类型	单元面积/km²	总变化率/%
12	N-L	566.48	46.08	34	M-H	15.50	1.26
21	L-N	260.16	21.16	42	H-L	8.23	0.67
23	L-M	145.44	11.83	14	N-H	7.49	0.61
31	M-N	86.31	7.02	41	H-N	6.70	0.55
13	N-M	64.03	5.21	24	L-H	5.96	0.48
32	M-L	57.44	4.67	43	H-M	5.51	0.45

表 4-10　2000～2006 年额济纳绿洲植被覆盖变化 LUCC 模型分析

植被分类	U_{2000} 面积/km²	$U_{2000\sim2006}$ 面积/km²	ΔU_{in} 面积/km²	ΔU_{in} 比例/%	ΔU_{out} 面积/km²	ΔU_{out} 比例/%	R_d	R_s	R_{ss}	P_s
N	11183.76	10545.76	353.17	3.16	638.00	5.70	-2.74	-0.46	8.86	-5.19
L	4653.63	4242.07	632.15	13.58	411.56	8.84	5.17	0.86	22.43	3.83
M	248.05	88.80	214.98	86.67	159.25	64.20	23.04	3.84	150.87	2.55
H	27.55	7.11	28.95	105.08	20.44	74.19	30.82	5.14	179.27	2.87

P_t =0.27

注：说明同表 4-7。

4. 1990～2000 年与 2000～2006 年绿洲各植被覆盖变化比较

从由表 4-6 和表 4-9 绘制出的绿洲植被覆盖变化类型比较图 4-5 和图 4-6 中可以看出：两个时段植被覆盖变化类型表现基本一致，1990～2000 年植被覆盖变化类型最为明显的是低—无植被覆盖的变化，值为 573.75km²，2000～2006 年最为明显的是 N-L 植被覆盖的变化，值为 566.48km²；植被覆盖变化类型表现都比较突出是 N-L、L-N、L-M、M-N、N-M 和 M-L 六类植被覆盖类型变化；植被覆盖变化类型面积差值最大的为 N-L 植被覆盖类型的变化，值为 472.52km²，其次是 L-N 和 L-M 植被覆盖类型的变化；其他植被覆类型变化相对不太明显。

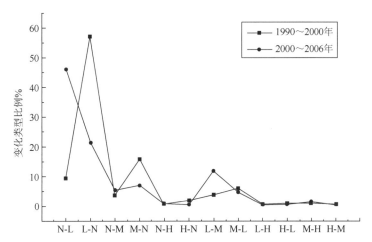

图 4-5　1990～2000 年与 2000～2006 年绿洲植被覆盖变化类型比较

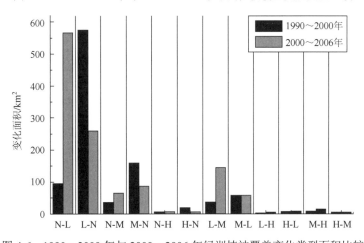

图 4-6　1990～2000 年与 2000～2006 年绿洲植被覆盖变化类型面积比较

以由表 4-7 和表 4-10 绘制出的图 4-7 和图 4-8 表示的植被覆盖面积的转入和转出来看：两个时段植被覆盖面积类型的转入和转出刚好相反，2000～2006 年只有无植被覆盖的转入面积低与 1990~2000 年的转入面积, 而其他低、中、高植被覆盖的转入面积都处于 1990~2000 年曲线的上方; 而 2000~2006 年无植被覆盖转出面积却高于 1990~2000 年的转出面积 (136.48km^2), 其他低、中、高全部低于 1990~2000 年的转出。转入差值最大的是低植被覆盖 (471.68km^2), 而转出差值最大的是无植被覆盖 (501.52km^2)。

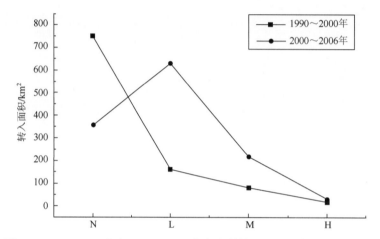

图 4-7　1990~2000 年与 2000~2006 年绿洲植被覆盖面积变化之转入比较

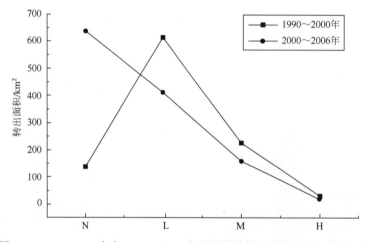

图 4-8　1990~2000 年与 2000~2006 年绿洲植被覆盖面积变化之转出比较

同上, 图 4-9 和图 4-10 说明: 两个时段植被覆盖类型的涨落势同样相反, 1990~2000 年无植被覆盖处于涨势, 低、中、高植被覆盖全处于落势, 2000~2006 年无植被覆盖处于落势, 其他植被覆盖处于涨势; 植被覆盖转化速度表现为, 1990~2000 年中植被覆盖的转化速度最快, 高植被覆盖次之, 2000~2006 年高植被覆盖转化速度最快, 而中植被覆盖次之, 两个阶段无、低植被覆盖的转化速度相差不大。

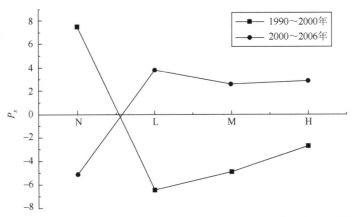

图 4-9　1990～2000 年与 2000～2006 年绿洲植被覆盖变化的 P_s 比较

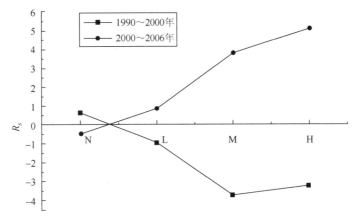

图 4-10　1990～2000 年与 2000～2006 年绿洲植被覆盖变化的 R_s 比较

5. 讨论与结论

（1）1990～2000 年，额济纳绿洲生态系统恶化，无植被覆盖的转入面积高于 2000～2006 年的对应转入，无植被覆盖面积增加，处于涨势，而其他低、中、高植被覆盖的转入都低于 2000～2006 年，覆盖面积均减少，处于落势。相反，2000～2006 年额济纳绿洲生态恢复效果明显，无植被覆盖的转出面积高于 1990～2000 年的对应转出，无植被覆盖面积减少，处于落势，而其他低、中、高植被覆盖的转出都低于 1990～2000 年覆盖面积均增加，处于涨势。权衡影响额济纳绿洲变化的诸多因素，在整个研究时段，气温年均增幅较大，降水量变化不明显或呈减少趋势（王海青等，2007；王钧等，2008；乌兰图雅等，2005），人口增加平稳，牲畜略呈减少趋势（苏永红等，2004；白智娟，2008），影响绿洲植被覆盖变化的主要是下游来水量与地下水位埋深（冯起等，2009；张明铁等，2003；苏永红等，2004）。2000 年前，黑河上、中游地区大量开垦农田，兴修大中型水库，导致下游来水量急剧减少、地下水位下降，整个额济纳绿洲处于一种被动的适应状态，造成林草植被种群退化，浅根系植物死亡，并逐步为旱生和超旱生植物所替代（李森等，2004）；2000 年开始，国家实施黑河分水，致使黑河下游来水量增加，地下水位抬升，使得胡杨、灌木、荒漠植被等得到一定恢复，三角洲及其周边地区水体、乔木林、灌木林面积明显增加，额济纳绿洲植被生态环境有了明显改善（司建华等，2005）。但 2006 年绿洲植被覆盖水平仍然低于 1990 年的覆盖水平，说明绿洲恢复任重道远。

（2）两个时段植被覆盖变化类型表现基本一致，1990～2000 年最为明显的是 L-N 植被覆盖类型的变化，而 2000～2006 年是 N-L 植被覆盖类型的变化。主要是因为在 3 个研究时期，绿洲植被覆盖主要是无植被覆盖和低植被覆盖，两者的面积合计都占到了 97%以上；同时，1990～2000 年绿洲处于被动的适应状态，生态系统恶化，故以 L-N 植被覆盖类型的变化最明显，而从 2000 年实施黑河分水开始，植被生态开始恢复，故 2000～2006 年 N-L 植被覆盖类型的变化最明显。

（3）1990～2000 年中植被覆盖的转化速度最快，高植被覆盖次之，2000～2006 年高植被覆盖转化速度最快，中植被覆盖次之。主要是因为：1990～2000 年，人们受经济利益的驱使，到处滥垦、滥挖、滥采、滥伐，造成大面积草场受到破坏和灌木死亡；同时，不当或过度的放牧方式，致使优良牧草被过度采食利用，牧场退化严重。2000～2006 年，当地政府最大限度地减少人为破坏，采取围栏封育、圈养舍饲、生态移民、退耕、退牧、还林还草等措施，对围栏封育区还采取人工补播梭梭、移植甘草、天然草场大面积灌溉等措施，使草场得到快速恢复（司建华等，2005）。

4.3 额济纳绿洲稳定性的土壤理化性质表征

干旱、少雨、蒸发强烈的天气，水源奇缺、植被稀疏的自然条件以及人为活动的综合影响塑造出了土质粗砺、土层薄、土体干燥、有机质缺乏的荒漠土壤类型。额济纳绿洲地处我国西北极端干旱区，受高原干旱气候及周边山地、沙漠的影响，土壤组合及分布呈水平地带性分布规律。总的分布趋势是以灰棕漠土为主体类型，广泛分布于境内的高平原和冲积平原的西、中、东戈壁上；林灌草甸土和潮土主要分布于沿河阶地和封闭洼地中；盐土和碱土主要分布于东、西居延海湖盆中；盐土主要分布于一些封闭洼地上；沿河两岸有部分带状风沙土分布。除沿河地带，土壤有机质缺乏，氮、磷含量低，钾含量有余。土壤质地以砂壤土为主，土层深厚。

对于研究区的土壤表征许多学者已做了大量研究,代表有闫琳(2000)、张小由等(2004)、苏建平等(2004)、刘蔚等(2005、2008)、苏永红等(2006)、贾艳红等(2008)等,相关结论如下。

1. 土壤质地

依据张小由、刘蔚等的研究,额济纳绿洲的土壤具有极端干旱区土壤的一般特征,由于成土母质是河流冲积-洪积物,又经过长时间的风力吹蚀作用,细粒物质很少,质地粗,土壤中>2mm 的砾石含量最高可达 26.6%左右。表层土壤(0~1.0cm)中的 0.25~0.1mm 粒径含量多达 47.09%,0.5~0.25mm 处为 25.65%,≤0.1mm 处约为 25%;表层以下粒径粗化,物理性黏粒含量较少,不足 0.5%,土壤发育处于初级阶段;在以一道河林灌地为代表的河谷灌丛草地中,砾石含量低一些,仅在 60~80cm处有 5.45%的>2mm 的砾石含量,各层粒径主要集中在≤0.1mm,物理性黏粒含量较高,土壤质地细,发育良好;七道桥胡杨林为代表的胡杨林中,由于洪水的多次灌溉,表层土壤中≤0.1mm 占 95.77%,其中≤0.002mm 的物理性黏粒最高,达到12.58%,其他各层的粒径主要集中在 0.5~0.25mm,土壤发育程度低,有机质含量仅为 0.1%~0.3%,从剖面上看,土壤发育层次不完全。

2. 土壤盐分

依据刘蔚等(2008)的研究,额济纳绿洲盐类成分复杂,呈多元复合型,并且离子含量差异显著,既有以重碳酸盐为主要成分的,也有以硫酸盐或氯化物为主要成分的,盐土类型与沙漠化土地发育程度关系密切,特别与强度沙漠过程的影响有关。潜在的沙漠化土地土壤,由于远离河床或高出河床很多,地下水位埋深较深,表层土壤受河水和地下水的影响较小,土壤含盐量低,离子类型多为 HCO_3^--Cl^--Ca^{2+}-Na^+;正在发展的沙漠化土地土壤,由于位于高河漫滩之地,地面生长有梭梭、柽柳、胡杨或稀疏芦苇,非特大洪水出现的年份河水不能漫溢,地下水矿化度很高,在蒸发作用下盐份在土壤表层聚积,土壤含盐量高,离子类型为 SO_4^{2-}-Cl^--Mg^{2+}-Na^+;强烈发展的沙漠化土地土壤,由于长期接受河水的漫灌,地下水水位较高,但受河水、井水的不断冲洗,盐分在土壤上层聚积不明显,平均含盐量低,离子类型为Cl^--SO_4^{2-}-Na^+-Mg^{2+};严重沙漠化土地土壤,平均含盐量为 4.57%,离子类型为Cl^--SO_4^{2-}-Mg^{2+}-Na^+,其原因可能与祁连山区以镁钙质重碳酸盐为主要补给成分的河水长期作用有关。

3. 土壤养分

土壤养分是构成土壤肥力的物质基础，由于自然因素和人为因素的作用或共同作用，不同的土壤类型它们所含的养分多少不同，它们的含量常具有明显的时空分布特点，这种时空分布特征会影响区域植被分布（何文寿，2004），同时，可作为沙漠化土地是否稳定的判别指标。依据苏永红、刘蔚等的研究结果可知：额济纳绿洲土壤速效 N、速效 P 和速效 K 的含量比较分散，差异大，而全 N、全 P、全 K、pH 和有机质含量比较集中，变化不大。土壤有机质含量变化幅度为 0.1%～3.731%，集中分布在 1%～2.5%；pH 为 7.97～9.2，呈碱性；全 N 含量为 0.015%～0.190%；全 K 含量比较高，分布在 1.81%～3.17%；速效 N，速效 P 和速效 K 含量分别为 7.7～161.0mg/kg，3.02～11.8mg/kg，120～1233mg/kg，平均值分别为 83.125mg/kg、42.825mg/kg 和 690.0833mg/kg。

综上所述，额济纳绿洲的土壤表征特征为：土壤质地粗，土壤含盐量高，表聚性强；在不同的地貌部位上，土壤含盐量、盐分类型差异很大。大致规律是：戈壁滩上土壤含盐量较低；沿河谷方向，从上游向下游含盐量逐步增高；河谷横剖面上土壤含盐量、离子类型变化显著，土壤含盐量最高的部位多为现代河水不能漫流、地势又相对低洼的地方如河漫滩、湖盆边缘、古河床等。而在现代河水能漫流的地方，土壤含盐量较低。

4.4　额济纳绿洲稳定性的 LUCC 表征及预测

LUCC 是全球环境变化与可持续发展的重要核心问题之一。目前，LUCC 研究已经成为全球变化研究者的兴趣中心所在，是当今全球变化研究中的前沿和热点课题（唐华俊等，2004；陈佑启等，2001）。在过去的二十多年里，不同学科的研究者对于 LUCC 给予了很多关注，围绕 LUCC 何地发生变化、何时发生变化、如何发生变化和为何发生变化等问题开展了大量的研究。尤其是国际全球环境变化人类行为计划（International Human Dimensions Programme，IHDP）和国际地圈生物圈计划（International Geosphere-Biosphere Programme，IGBP）的共同执行计划 LUCC（Lambin et al.，1999）以及后续 GLP（Global Land Project）的实施，极大促进了土地变化科学（land change science，LCS）的诞生和发展（Rindfuss et al.，2004；Turner et al.，2007），无论在理论和方法方面，还是在实践方面都取得了长足的进展。国际上应用 RS、GIS 技术，已在 LUCC 监测、评价与制图，农村与农业 LUCC 分析，城市 LUCC

分析，LUCC 动力学，LUCC 与生态环境 5 个领域取得新进展（李秀彬，1996；郭旭东等，1999；陈百明等，2003；张世文等，2006）。国内重点研究领域主要是 LUCC 问题中的动态信息获取、过程模拟、发展趋势、驱动机制及生态环境效应等（阎金凤等，2003；孙丹峰等，2005；张钰等，2005；赵庚星等，2006；于开芹等，2009）。而对于干旱区绿洲的典型代表额济纳绿洲的 LUCC 变化，学者们的研究大都集中在2000 年或 2003 年以前（付彩菊等，2006；王大鹏等，2007；潘竟虎等，2008），而对黑河分水后额济纳绿洲的 LUCC 研究甚少，还没有研究该地区的 LUCC 变化，并同时作出预测，故此本书将以 2002 年与 2006 年为基准年，对额济纳绿洲的 LUCC进行研究，并运用马尔可夫（Markov）模型预测其未来变化。

4.4.1　土地类型划分及采用的相关模型

1. 土地利用类型划分及采用的 LUCC 模型

依据当前的土地利用类型划分办法及额济纳绿洲的实际情况，将额济纳绿洲的土地利用类划分为耕地、林地、草地、水域、建设类用地以及未利用土地 6 类，具体如表 4-11 所示。研究采用的 LUCC 模型同植被表征研究中采用的 LUCC 模型。

表 4-11　额济纳绿洲土地利用类型

土地利用类型		次级类型		土地利用类型		次级类型	
序号	名称	序号	名称	序号	名称	序号	名称
1	耕地	11	水田	4	水域	43	水库与池塘
		12	旱地			44	滩地
2	林地	21	有林地	5	建设类用地	51	城镇建设用地
		22	灌木林地			52	农村建设用地
		23	疏林地			53	其他建设用地
3	草地	31	高植被覆盖	6	未利用土地	61	沙地
		32	中植被覆盖			62	盐碱地
		33	低植被覆盖			63	戈壁
4	水域	41	河流			64	裸岩石砾地
		42	湖泊				

2. 马尔可夫模型

马尔可夫模型是利用某一系统的现在状况及其发展动向预测该系统未来状况的一种概率预测方法与技术（Etienne，2008）。在马尔可夫过程中，较简单和常用的是一阶马尔可夫过程，即系统转移到下一状态的概率 $S^{(t)}$，仅取决于该系统前一

个状态 $S^{(t-1)}$，而与 $S^{(0)}, S^{(1)}, S^{(2)}, \cdots, S^{(t-2)}$ 等 $t-1$ 时刻以前的状态无关。这对于研究土地利用的动态变化较为适宜，因为在一定条件下，土地利用的动态演变具有马尔可夫过程的性质：①一定区域内，不同土地利用类型之间具有相互可转化性；②土地利用类型之间的相互转化过程包含着较多尚难用函数关系准确描述的事件。具体模型如下：

设 $S^{(0)}$ 为土地利用初始状态向量，记

$$S^{(0)} = (S_1^{(0)}, S_2^{(0)}, \cdots, S_m^{(0)}) \tag{4-6}$$

式中，m 为系统可能存在的相互独立的状态数。

运用马尔可夫过程的关键在于确定土地利用类型之间相互转化的初始转移概率矩阵 $\boldsymbol{P}$，若以 P_{ij} 表示预测对象由第 t 时刻状态 i 转向第 $t+1$ 时刻状态 j 的一步转移概率（$i, j = 1, 2, \cdots, n$），则一步转移概率矩阵描述为

$$\boldsymbol{P} = (P_{ij}) \begin{vmatrix} P_{11} & P_{12} & \cdots & P_{1n} \\ P_{21} & P_{22} & \cdots & P_{2n} \\ \vdots & \vdots & & \vdots \\ P_{n1} & P_{n2} & \cdots & P_{nn} \end{vmatrix} \tag{4-7}$$

式中，n 为研究区土地利用类型的数量。

同时以上矩阵必须满足以下条件：

$$0 \leqslant P_{ij} \leqslant 1 \qquad (i, j = 1, 2, 3, \cdots, n) \tag{4-8}$$

$$\sum_{i=1}^{n} P_{ij} = 1 \qquad (i, j = 1, 2, 3, \cdots, n) \tag{4-9}$$

通常研究的马尔可夫链都满足以下基本方程：

$$S^{(t)} = S^{(t-1)} P = S^{(0)} P^{\Delta t} \tag{4-10}$$

式中，Δt 为由初始状态转移的步长。

4.4.2 额济纳绿洲 LUCC 变化结论

1. LUCC 的基本变化特征

从表 4-12 中可以看出，在研究时段内未利用土地与草地是整个研究区的土地利用主体，面积之和超过了整个面积的 92%，其中未利用土地达到了 78%，是 6 类土地利用类型中面积最大的。而在未利用土地类型中，戈壁是主要的土地利用类型，约占 73%；建设用地、耕地以及水域类土地利用类型所占比例很小，总共还不到 1%。2002～2006 年，只有未利用土地面积减少，减少了约 97.74km²，其中沙地与盐碱地

减少明显，分别减少了 72.38km² 和 21.50km²。相反，其他土地利用类型面积都在增加，草地、林地以及水域的增加较明显，分别增加了 36.19km²、29.95km² 和 23.64km²；耕地与建设类用地增加较小，分别增加了 6.19km² 和 1.77km²。

表 4-12　2002～2006 年研究区土地利用类型转换矩阵（单位：km²）

2002 年 ＼ 2006 年	耕地	林地	草地	水域	建设类用地	沙地	盐碱地	戈壁	裸岩石砾地
耕地	41.99	0.12	0.45	0.38	0.00	0.07	0.07	0.00	0.00
林地	0.00	937.81	16.87	3.83	0.00	0.00	0.00	0.00	0.00
草地	4.44	27.34	2284.65	15.89	0.70	2.57	1.17	0.00	0.00
水域	0.15	0.47	2.13	88.70	0.00	0.00	0.00	0.00	0.00
建设类用地	0.00	0.10	0.05	0.00	14.36	0.11	0.00	0.00	0.00
沙地	0.00	22.15	56.29	0.00	0.00	496.33	0.00	1.85	0.00
盐碱地	3.60	1.02	10.96	5.93	0.00	0.53	54.54	0.21	0.00
戈壁	0.00	0.00	3.45	0.00	1.08	5.75	0.00	11490.08	0.00
裸岩石砾地	0.00	0.00	0.00	0.00	0.00	0.00	0.00	0.00	202.44

2. LUCC 的动态变化特征

由表 4-12 和表 4-13 可知，在研究时期，盐碱地的转出率最大为 28.98%，主要转化成了草地、水域以及耕地，转化的面积分别为 10.96km²、5.93km² 和 3.60km²；沙地的转出率次之，为 13.94%，主要转化成了草地与林地，转化面积分别为 56.29km²、22.15km²；戈壁和裸岩石砾地的转出率特小，戈壁有极小部分转化成了沙地与草地，而裸岩石砾地几乎不发生转化。相反，转入率最大的是水域，为 22.92%，主要从草地、盐碱地以及林地转化而来，它们贡献的面积依次为 15.89km²、5.93km² 和 3.83km²；耕地的转入率次之，为 14.76%，主要从草地与盐碱地转化而来，依次贡献 4.44km² 和 3.60km²；建设类用地的转入率为 12.33%，主要来源于戈壁与草地，分别转入了 1.08km² 和 0.70km²；戈壁和裸岩石砾地的转入率很小，几乎为零，说明其他土地利用类型几乎不会转化为它们。

从表 4-13 中可以看出，在研究时期，未利用土地是所有土地利用类型中唯一缩小的土地利用类型，沙地、盐碱地以及戈壁的 P_s 都小于零，呈现出"下降"趋势，其中盐碱地和沙地的减少趋势十分明显，相关参数 R_d 为 -28.00 和 -12.55，R_s 为 -7.00 和 -3.14；相反，其他土地利用类型的 P_s 都大于零，呈现出"上升"趋势，其中水域、耕地和建设类用地的增加趋势明显，相关参数 R_d 为 25.85、14.37 和 12.11，R_s 为 6.46、3.59 和 3.03；裸岩石砾地几乎不发生转化，其对应的 P_s、R_d 和 R_s 值全等于或接近零。

表 4-13　2002～2006 年研究区各土地利用类型的动态变化

土地利用类型	2002 年		2006 年		变化面积/%	转出率/%	转入率/%	R_d	R_s	R_{ss}	P_s
	面积/km²	比例/%	面积/km²	比例/%							
耕地	43.07	0.27	49.26	0.31	6.19	2.51	14.76	14.37	3.59	5.39	0.67
林地	958.51	6.07	988.46	6.26	29.95	2.16	5.12	3.12	0.78	1.88	0.41
草地	2336.76	14.79	2372.95	15.02	36.19	2.23	3.72	1.55	0.39	1.52	0.26
水域	91.44	0.58	115.08	0.73	23.64	3.00	22.92	25.85	6.46	7.87	0.82
建设类用地	14.61	0.09	16.38	0.10	1.77	1.71	12.33	12.11	3.03	3.49	0.87
沙地	576.72	3.65	504.34	3.19	−72.38	13.94	1.59	−12.55	−3.14	3.87	−0.81
盐碱地	76.79	0.49	55.29	0.35	−21.50	28.98	1.36	−28.00	−7.00	7.65	−0.92
戈壁	11500.35	72.78	11496.47	72.76	−3.88	0.09	0.06	−0.03	−0.01	0.03	−0.33
裸岩石砾地	202.44	1.28	202.46	1.28	0.02	0.00	0.01	0.01	0.00	0.00	0.00
未利用土地	1235630	78.20	12258.56	77.58	−97.74						

4.4.3　LUCC 变化的马尔可夫过程

1. 马尔可夫过程检验与模拟

首先，根据 LUCC 转化矩阵，计算出步长为 4a 的土地利用的转移概率矩阵，在此基础上得出各土地利用类型的年平均转移状况，即步长为 1a 的初始状态下各地利用类型的转移概率矩阵（表 4-14）；其次，以 2002 年各土地利用类型的百分比作为初始状态向量，依据公式（4-10）对 2006 年的土地利用类型模拟；第三，用上面的模拟结果与 2006 年的实际值进行对比分析，用公式（4-11）验证其有效性，发现模拟结果与实际值十分接近（表 4-15），模拟误差最大的建设类用地土地利用类型，其误差也仅仅为 0.42%，说明用马尔可夫模型，以 4a 为步长，模拟额济纳绿洲土地利用变化结果完全可靠可行。

$$E = \sqrt{\sum_{i=1}^{n}\left[\frac{(x_i - x_i')^2}{x_i} \bigg/ \sum_{i=1}^{n} x_i\right]} \times 100\% \qquad (4\text{-}11)$$

式中，x_i 是拟合时点的状态变量，x_i' 是拟合的结果状态变量。

2. 额济纳绿洲的 LUCC 的马尔可夫预测

依据上面的分析，对额济纳绿洲的土地利用类型进行预测，结果如表 4-16 所示。从表中可以看出：2010～2022 年，耕地、林地、草地、水域以及建设类用地面积都在增加，但增速在逐渐变缓。例如：林地从 2010 年到 2014 年增加了 22.12km²，从 2014 年到 2018 年增加了 22.12km²，同前一时期增加面积一样，但从 2018 年到 2022 年增加了 18.96km²，增幅明显变小。相反，未利用土地面积一直在减少，减速也变缓。如沙地从 2010 年到 2014 年减少了 52.14km²，从 2014 年到 2018 年减少了 44.24km²，从 2018 年到 2022 年减少了 37.93km²。同时，从 2010 年到 2022 年，水域增加最快，增加了 56.88km²，增速为 1.42；其次为耕地和建设类用地，分别增加了 14.22km² 和 3.16km²，增速依次为 1.26 和 1.20；草地的增速最慢，增加值为 42.66km²，增速为 1.02。而盐碱地的减速最快，为 0.44，从 2010 年到 2022 年减少了 23.70km²；其次为沙地，减少了 134.31km²，减速为 0.70。戈壁和裸岩石砾地变缓很小甚至不变化。总体来看，2022 年的土地利用结构比 2010 年更加合理，耕地、林地、草地以及水域的面积都明显增加，而沙地、盐碱地面积明显减少。

表 4-14 2002～2006 年研究区年均土地利用类型转换矩阵

2002 年 ＼ 2006 年	耕地	林地	草地	水域	建设类用地	沙地	盐碱地	戈壁	裸岩石砾地
耕地	0.9937	0.0007	0.0026	0.0022	0.0000	0.0004	0.0004	0.0000	0.0000
林地	0.0000	0.9946	0.0044	0.0010	0.0000	0.0000	0.0000	0.0000	0.0000
草地	0.0005	0.0029	0.9944	0.0017	0.0001	0.0003	0.0001	0.0000	0.0000
水域	0.0004	0.0013	0.0058	0.9925	0.0000	0.0000	0.0000	0.0000	0.0000
建设类用地	0.0000	0.0017	0.0009	0.0000	0.9955	0.0019	0.0000	0.0000	0.0000
沙地	0.0000	0.0096	0.0244	0.0000	0.0000	0.9652	0.0000	0.0008	0.0000
盐碱地	0.0117	0.0033	0.0357	0.0193	0.0000	0.0017	0.9276	0.0007	0.0000
戈壁	0.0000	0.0000	0.0001	0.0000	0.0000	0.0001	0.0000	0.9998	0.0000
裸岩石砾地	0.0000	0.0000	0.0000	0.0000	0.0000	0.0000	0.0000	0.0000	1.0000

表 4-15 利用马尔可夫过程模拟土地利用结构的检验

土地利用类型	实际值/km²	比例/%	模拟值/km²	比例/%	误差值
耕地	49.26	0.31	48.98	0.31	0.03
林地	988.46	6.26	987.54	6.25	0.02
草地	2372.95	15.02	2371.69	15.01	0.02
水域	115.08	0.73	113.77	0.72	0.10
建设类用地	16.38	0.10	14.22	0.09	0.42
沙地	504.34	3.19	508.78	3.22	0.16
盐碱地	55.29	0.35	58.46	0.37	0.34
戈壁	11496.47	72.76	11491.85	72.73	0.03
裸岩石砾地	202.46	1.28	202.25	1.28	0.01

表 4-16　基于马尔可夫的研究区土地利用变化预测

土地利用类型	2010 年		2014 年		2018 年		2022 年		相对速度
	面积/km²	比例/%	面积/km²	比例/%	面积/km²	比例/%	面积/km²	比例/%	
耕地	55.3	0.35	60.04	0.38	64.78	0.41	69.52	0.44	1.26
林地	1015.99	6.43	1038.11	6.57	1060.23	6.71	1079.19	6.83	1.06
草地	2400.13	15.19	2419.09	15.31	2433.31	15.4	2442.79	15.46	1.02
水域	135.89	0.86	156.43	0.99	173.81	1.1	192.77	1.22	1.42
建设类用地	15.8	0.1	17.38	0.11	17.38	0.11	18.96	0.12	1.2
沙地	445.58	2.82	393.44	2.49	349.2	2.21`	311.27	1.97	0.7
盐碱地	42.66	0.27	31.6	0.2	25.28	0.16	18.96	0.12	0.44
戈壁	11488.69	72.71	11480.79	72.66	11472.89	72.61	11464.99	72.56	1
裸岩石砾地	202.25	1.28	202.25	1.28	202.25	1.28	202.25	1.28	1

3. 结论与讨论

在研究时期，只有未利用土地的面积减少，而其他土地利用类型面积都有明显增加。在未利用土地中，沙地、盐碱地减少明显，沙地主要转化成了草地与林地，盐碱地主要转化成了草地、水域和耕地。在增加的土地利用类型中，水域、耕地和建设类用地增加明显，水域主要由草地、盐碱地和林地转化而来；耕地主要由草地与盐碱地转化而来；建设类用地主要来源于戈壁与草地。权衡影响绿洲土地利用类型变化及绿洲生态恢复诸多因素，发现它是自然因素与人为因素共同作用的结果，但人为因素却起了主导作用。在整个研究时段，年均气温略有上升趋势，降水量变化不明显或呈减少趋势，人口增加平稳，牲畜略呈减少趋势，故此绿洲土地利用类型变化可以概括为两方面的原因：①国家政策：许多研究表明，下游来水量与地下水水位埋深是引起绿洲土地利用变化及生态恢复的主要原因（苏永红等，2004；李森等，2004；冯起等，2009）。2000 年实施黑河分水以来，下游来水量明显增加，地下水水位埋深缓慢抬升，直接或间接导致了水域以及草地、耕地以及林地等的增加，沙地、盐碱地等的减少；同时当地政府的相关政策与措施，也促进了草地、林地以及耕地等的变化。②经济发展：在西部大开发背景下，额济纳绿洲也获得了前所未有的发展，城市化进程加快，第二产业的飞速发展，引起了土地利用结构的变化。

2010～2022 年，额济纳绿洲的土地利用有着明显变化，耕地、林地、草地、水域以及建设类用地面积增加，未利用土地面积减少，但开发和利用未利用土地的速度都在逐渐变缓，原因可能是戈壁以及裸岩石砾地在未利用土地中，所占比例大，且开发与利用比较困难，而沙地与盐碱地所占比例较小，却只有一小部分能被开发利用。2022 年的土地利用结构明显优于 2010 年，但还未到稳定状态，说明额济纳绿洲在 2010 年到 2022 年仍然处于恢复阶段。同时，由于用马尔可夫模型预测土地利用变化，是在假设影响土地利用类型变化的因素不变化或者保持相对稳定状态下进行的，故此为了绿洲生态环境恢复，土地利用结构更合理，政府应当依据成功的策略及经验，制定长远规划的同时，随时调整相关政策与措施，争取绿洲生态环境的早日恢复。

第5章 额济纳绿洲稳定性驱动机制分析

自然因素是绿洲稳定性发生变化的内在驱动，过度的人为活动是绿洲稳定性发生变化的外在驱动，二者之间的耦合制约着绿洲系统的发展变化。各表征层下内外驱动力在时间与空间上的耦合构成绿洲稳定性变化的动力机制；各表征层下驱动因子与绿洲系统间的响应构成绿洲稳定性变化的反馈机制（毋兆鹏，2008）。故此，绿洲稳定性驱动机制的研究不但是绿洲稳定性表征要素变化原因的深究，同时也是绿洲稳定性指标评价体系构建及最终绿洲稳定性政策与措施制定的根源。

5.1 绿洲演变的驱动因素

绿洲和荒漠是干旱区内截然不同的两种景观类型，然而二者却互为依存，并在一定条件下相互转化，即发生"绿洲荒漠化"或"荒漠绿洲化"，但无论出现哪种过程，都可归结为绿洲稳定性的打破，绿洲将发生演变。而绿洲的演变一般是自然因素和人文因素共同作用的结果，依不同历史时期、不同地质条件等而不同，各阶段影响绿洲演变的主导因子也各有侧重，而且各因子之间也相互影响着。

包括气候、地质地貌、风沙活动及灾害等自然因素是绿洲演变的大背景。气候变化通过影响水资源的时空分布，进而影响到风沙、植被等因素，最终作用于绿洲，其影响具有直接性和间接性。施雅风等（1995）、董光荣等（1995）、冯绳武（1988）、王铮（1996）对绿洲的研究都说明了气候对绿洲演变的影响。干旱区绿洲的地形地貌条件对于绿洲的演变影响重大，位于河流中部的古绿洲，其所处的地理位置和自然条件优越，几经废弃，但又重新恢复利用。从绿洲系统稳定性被打破的两种可能——荒漠绿洲化与绿洲荒漠化可以看出，绿洲不可避免地要遭受风沙的潜在威胁和侵袭。据考证，弱水下游的向左偏转改道现象，主要原因是右岸的巴丹吉林沙漠在盛行的西北风的推动下，流沙堆积于东岸，以至于在三角洲上散流弱水各支流被迫向左改道，绿洲随之发生迁移和改变。

人文因素错综复杂，对绿洲稳定性的影响具有直接性、间接性和正反两面性的特征。自人类社会形成以来，人类活动对绿洲影响无论在广度还是深度上都在不断加深，而且在一定程度上加剧了自然因素的作用程度与范围，甚至在一定时空条件下完全可以掩盖自然因素对绿洲的作用。一方面人类通过改善灌溉系统（修渠、打井)、熟化土壤、栽培作物,营造林木等自然条件使绿洲扩大。另一方面人类由于自身对自然规律认识的局限性以及人口增长造成的需求,导致不合理利用自然资源,造成土地盐渍化、沙漠化,引起绿洲退化。如:由人口增加引起的耕地面积扩大、生活用水及灌溉用水增多导致的生态用水量减少和绿洲萎缩;干旱区灌溉不当产生的土壤盐碱化;由绿洲边缘区生态脆弱地带荒漠植被的破坏引起的沙漠化现象;人类掠夺式的开发与严酷的自然条件综合导致的绿洲开发失败及毁灭;由战乱与灾害引起的已开垦土地的废弃,造成的地表沙化、绿洲缩小与衰败等。

同时,河流改道也是绿洲废弃的直接原因之一。当然,引起河流改道的原因可能既有自然因素也有人文因素或者是二者的综合作用。古绿洲自形成之时就处于不稳定状态,因下游河道地势平坦,河流流速缓慢,大量河水携带的泥沙迅速沉积,造成河道淤积堵塞,河流被迫人为改道,使原来河流滋养着的古绿洲发生衰亡。

承上,绿洲的演变不外乎自然因素、人文因素以及它们共同作用的结果,其中自然因素影响范围广泛,时间较为缓慢,在大的地质时间尺度上对绿洲的演化方向起着决定性的作用,而人文因素的作用虽然较为局限,只发生在人类历史时期,但其作用明显而强烈,可以在一定时空内改变绿洲的演化方向。

5.2　绿洲稳定性驱动机制

绿洲系统稳定性被打破的两种可能——荒漠绿洲化与绿洲荒漠化最终都通过水文、植被、土壤三个主要要素体现出来,而这些要素的变化是特定的自然背景及人类活动条件下,多种驱动因素共同作用的结果,因此,绿洲稳定性驱动机制的研究就是对各种驱动因素及其作用特征的分析。绿洲稳定性的变化常常是先通过局部表征要素开始体现,而如果人们对这些局部表征要素的变化没有引起足够的重视,并对引起这种变化的内在驱动因子采取相应措施,那么在累积到一定程度时,就意味着当前绿洲系统稳定性被打破。毋兆鹏(2008)等依据前人的分析构建绿洲稳定性驱动机制的一般概念模型,我们据此改进得到绿洲稳定性驱动机制模型,如图 5-1 所示。

由图 5-1 可以看出,绿洲稳定性的驱动是一个多因素综合驱动,既有自然驱动、人文驱动,同时还有自然驱动与人文驱动组合的叠加驱动,各驱动通过驱动因子与绿洲的稳定性表征直接或间接作用，人类依据驱动因子对绿洲稳定性做出响应，绿洲荒漠化或荒漠绿洲化最终都通过绿洲稳定性表征的要素体现出来。当自然环境条件优越，资源配置合理，人为生产活动遵循客观的自然生态规律时，绿洲就向有利于人类生存与发展的方向演进，即荒漠绿洲化，否则，相反。同时，该模型不仅反映了绿洲内的资源环境、社会经济等基本状况，而且还为我们研究绿洲稳定性提供了一个"表征—诱因—诊治"的研究思路，从而使最终制定的政策及措施不但具体而且针对性强。

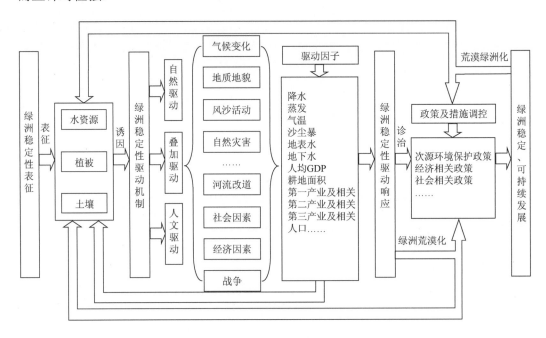

图 5-1 绿洲稳定性驱动机制模型

5.3 额济纳绿洲的变迁

历史上的额济纳地区多民族杂居，由于各民族势力的消长和居住区的变迁，农牧业生产也相应出现变更。纵观额济纳地区的农牧业变迁史，农业占主导地位大多是因为戍边的目的，畜牧业占主导地位大多是少数民族占领。同时，由于该地区干旱的气候环境，决定了畜牧业的基础地位，因此在整个农牧业变迁过程中，畜牧业具有非常好的长期的稳定性，农业则呈现出阶段性特点（肖生春等，2004）。

在汉开河西之前，包括居延地区在内的整个河西走廊为少数民族游牧之地，估计人口不足十万（赵永复，1986），加之地域广阔，因此可以认为当时的自然环境仍然基本保持着原始状态，即自然平衡。从西汉至元代随着古居延绿洲的农牧业更替，绿洲阶段性的自三角洲下部向上发生沙漠化过程，生态失衡。原因主要包括：①移民屯垦，地表原始植被遭到破坏，在极端干旱下管理不及时，产生了土壤风蚀，加剧了风沙活动；②垦区地势低洼，经过长时间的灌溉，盐分不断在土壤中积累，土地盐碱化；③天然河道的改道以及人工渠道的废弃，为沙漠化提供了丰富的沙源。所有这些导致夏元时期屯田区只能向三角洲中部和中上部转移。由于战乱，明朝以后额济纳地区重新成为游牧之地。随着水系的变迁，在今东西河逐渐形成新绿洲——额济纳绿洲。同时，由于上游来水量的减小，额济纳绿洲较之古居延绿洲面积明显缩小。截至 20 世纪 30 年代以前，额济纳地区人口稀少，整个黑河流域还没有修建水库，用水紧张主要集中在几段农业需水季节，其余时间还是有相当数量的水到达下游，注入东、西居延海，生态环境处于自然恢复状态（肖生春等，2006）。

随着人口的增加，绿洲依托的水环境急剧改变，导致了生态环境的恶化。1938～1941 年国民党政府在赛汉陶赖修建大量军事设施，将东河堵死，使上游来水全部流入西河，直接导致东河在 1944～1951 年干涸，沿岸植被逐渐枯死。直到 1952 年东西河重新筑坝分水后，东河沿岸植被才开始恢复。新中国成立后，下游人口的急剧增加以及农牧业的低质高速发展也给绿洲生态环境造成巨大压力，致使河岸林衰退，草场退化，湖泊萎缩干涸。同时耕地开垦后，粗放经营的管理模式加剧了土地的盐碱化和沙漠化。加之中游灌溉面积的持续扩大，水利设施的大量兴建，地表、地下水的大量开发利用，使得整个流域水资源在时空分配和转化上发生了巨大变化。据统计，20 世纪初，流域中分布的大小 30 多条支流，均有一定水量注入黑河干流；80 年代后，中游所有支流大多不再汇入黑河干流。干流下游来水量的减少，直接导致了东西居延海的萎缩甚至干涸，下游三角洲地下水位不断下降。同时人为的三滥、超载放牧也加剧了绿洲的生态环境恶化，所有这些使得额济纳地区变成了中国北方四大沙尘暴源区之一。

额济纳绿洲生态环境的恶化引起了国家及许多部门的高度重视。2000 年开始，国家实施黑河分水，使黑河下游来水量增加，地下水位抬升，使得胡杨、灌木、荒漠植被等得到一定恢复，三角洲及其周边地区水体、乔木林、灌木林面积明显增加，额济纳绿洲植被生态环境有了明显改善。当地政府最大限度地减少人为破坏，采取围栏封育、圈养舍饲、生态移民、退耕、退牧、还林还草等措施，对围栏封育区还采取人工补播梭梭、移植甘草、天然草场大面积灌溉等措施，使草场得到快速恢复（司建华等，2005）。有研究表明，截至目前额济纳绿洲恶化的趋势已基本得到遏制。

5.4 额济纳绿洲稳定性驱动机制研究

绿洲荒漠化或荒漠绿洲化作为绿洲稳定性被打破的两个相反过程，二者互为依存，相互转化，最终都通过水文、土壤、植被三要素表征出来。天然绿洲无人工干预，以水为主导因子，故而河流流向、流量以及降水是其兴衰的关键。然而随着人类活动的日趋频繁，天然绿洲几乎不复存在，所以绿洲演变开始从受控于自然因素向受控于人类活动的方向转变。自然因素变化影响范围广泛，时间较为缓慢，人类活动影响的虽然是局部地区，但其作用更迅速、更深刻。绿洲稳定性作为一个多维尺度概念，不同尺度下其内涵不同，为保证研究结果具有调控的现实意义，针对短时期内（1995～2005 年）基本人为控制下的额济纳绿洲，其地质地貌、战乱以及河流改道等因子在驱动机制研究中将被忽略。根据前面的绿洲驱动机制分析、额济纳绿洲的变迁过程、额济纳绿洲的当前实际情况以及前人的研究成果等，把额济纳绿洲的驱动因子分为两部分：第一部分是自然因子，包括年降水量、年蒸发量、年沙尘暴次数、年大风日数以及年霜冻天数 5 个因子；第二部分是人文驱动因子，包括狼心山径流、年末耕地面积、灌溉面积、当年造林面积、人均 GDP、农牧民人均收入、第一产业增加值、第二产业增加值、第三产业增加值、人口自然增长率、每万人在校大学生人数以及年末牲畜存栏头数 12 个因子，构建额济纳绿洲稳定性驱动机制分析研究指标体系如表 5-1 所示。

表 5-1 额济纳绿洲稳定性驱动机制指标体系

目标层	表征层	指标层					
		自然驱动因子	代码	人文驱动因子	代码	人文驱动因子	代码
绿洲稳定性机制	水资源、土壤、植被	年降水量（+）	d_1	狼心山径流（+）	d_6	年末耕地面积（+）	d_7
		年蒸发量（−）	d_2	灌溉面积（+）	d_8	当年造林面积（+）	d_9
		年沙尘暴次数（−）	d_3	人均 GDP（+）	d_{10}	农牧民人均收入（+）	d_{11}
		年大风日数（−）	d_4	第一产业增加值（+）	d_{12}	第二产业增加值（−）	d_{13}
		年霜冻天数（−）	d_5	第三产业增加值（+）	d_{14}	人口自然增长率（−）	d_{15}
				每万人在校大学生人数（+）	d_{16}	年末牲畜存栏头数（−）	d_{17}

注："+"代表正指标；"−"代表负指标；各指标的单位及说明详见指标说明。

在绿洲稳定性驱动机制因子分析中目前用得最多的方法是灰色系统关联度法，因为该方法不但可以处理"部分信息已知，部分信息未知"的信息不确定系统，同时还能根据因素间发展态势的相似或相异程度来衡量各因素间的关联程度，而且其最大特点是对样本没有严格要求，不要求服从任何分布，非常适合绿洲稳定性驱动机制的研究，故此本书也采用灰色关联度法对额济纳绿洲稳定性机制的驱动因子进行分析。

5.4.1　指标说明

年降水量：从天空中降落到地面上的液态或固态（经融化后）水，未经蒸发、渗透、流失而在水平面上积聚的深度（mm）；

年蒸发量：指在一定时段内，水分经蒸发而散布到空中的量（mm）；

年沙尘暴次数：年发生沙尘暴的次数（次）；

年大风日数：全年 8 级以上大风日数（d）；

年霜冻天数：全年天数减去无霜期天数（d）；

狼心山径流：年流过狼心山水文站的径流总量（亿 m³）；

耕地面积：耕地总资源中专门种植农作物并经常进行耕种、能够正常收获的土地面积（亩）；

灌溉面积：指有效灌溉面积（亩）；

当年造林面积：指在荒山、荒地沙丘等一切可以造林的土地上，采用人工播种、植苗、飞机播种等方法种植成片乔木林和灌木林，经过检查验收符合《造林技术规程》要求，并按《中华人民共和国森林法实施细则》规定，成活率达到 85%及以上的造林面积（亩）；

人均 GDP：用本年人均地区生产总值表示（元/人）；

农牧民人均收入：用年农牧民纯收入表示（元/a）；

增加值：指生产货物或提供服务过程中增加的价值，也称为追加价值，就是总产出与中间投入之间的差额（万元）；

人口自然增长率：年内人口自然增长数/年平均总人口（‰）；

每万人在校大学生人数：用每万人在校大学生的实际人数表示（人）；

年末牲畜存栏头数：年末大牲畜存栏头数（头）。

5.4.2　灰色关联理论下的驱动因子分析

1. 灰色关联法的计算步骤

灰色理论中的关联度分析（赵云胜等，1997）是对一个发展变化系统的状态和趋势的定量化比较，同回归分析相比，它对样本多少和类型无特殊要求，且计算量小，量化结果可靠，其模型及具体计算步骤如下。

（1）对数据做均值化处理，使其无量纲化：

$$X_i'(k) = X_i(k) / \frac{1}{n} \sum_{k=0}^{n} X_i(k)_i \qquad (i=1,2,\cdots,m; \ k=0,1,\cdots,n) \qquad (5-1)$$

（2）求参考序列与比较序列的绝对差：

$$\Delta i(k) = \left| X_i(k) - X_i(0) \right| \qquad (5-2)$$

（3）计算两极最大差与最小差：

$$\Delta_{\max} = \max_i \max_k \Delta i(k)$$

其中

$$\Delta_{\min} = \min_i \min_k \Delta i(k) \qquad (5-3)$$

（4）计算关联系数：

$$r_i(j) = \frac{\Delta_{\min} + \xi \Delta_{\max}}{\Delta i(k) + \xi \Delta_{\max}} \qquad (5-4)$$

其中，ξ 为分辨系数，它的取值只影响关联系数的大小，不影响关联序，一般取 0.5。

（5）求得关联度：

$$R(k) = \frac{1}{n} \sum_{i=1}^{m} r_i(k) \qquad k=1,2,\cdots,n \qquad (5-5)$$

通过灰色关联分析，得出各影响因子的关联度。

2. 水资源表征下的驱动因子分析

以水资源总量作为参考序列进行灰色关联分析，得到各驱动因子对水资源表征的灰色关联值大小（表 5-2），其中水资源总量为狼心山径流与地下水总量之和，地下水含水量为席海洋（2009）研究的估计值。

由表 5-2 可以看出，在水资源表征下的自然驱动因子中，年蒸发量关联值最大为 0.87，是首要的驱动因子。这与额济纳绿洲地处内陆深处极端干旱区，年降水极少，蒸发量极大密不可分。据研究表明，额济纳绿洲多年平均降水量仅为 36.6mm，而多年平均蒸发量为 3505.7mm，为降水量的 100 倍。

在水资源表征下的人文驱动因子中，狼心山径流的关联值最大，达到了 0.93，是首要的驱动因子。额济纳绿洲因降水极其稀少，水资源主要包括地表水和地下水。地表水资源（包括河流与湖泊）以及地下水都主要依靠河水补给，而黑河自正义峡流出的水量是维系额济纳绿洲河水的唯一水源，因此黑河流经狼心山的径流量就成了该地区水资源的首要驱动因子。其次为年第一产业增加值与年末耕地面积，其关联系数分别为 0.91 和 0.90。西部大开发战略实施以来，额济纳地区第二、第三产业的投资也超过了第一产业，有了飞速的发展，但是由于额济纳地区长期是一个以第一产业为主的地区，随着人口急剧增加而导致的耕地面积增加，研究时段内有所减缓，但作为该地区的主要产业，其对水资源表征的驱动机制而言，依然是仅次于狼心山径流的次要驱动因子。当然，狼心山径流为正向驱动，而第一产业增加值与耕地为逆向驱动。

表 5-2　额济纳绿洲水资源表征下的驱动机制灰色关联分析

表征	驱动因子代码及其关联值					
	自然驱动因子		人文驱动因子			
	代码	关联值	代码	关联值	代码	关联值
水资源	d_1	0.74	d_6	0.93	d_7	0.90
	d_2	0.87	d_8	0.82	d_9	0.71
	d_3	0.82	d_{10}	0.72	d_{11}	0.85
	d_4	0.77	d_{12}	0.91	d_{13}	0.66
	d_5	0.81	d_{14}	0.71	d_{15}	0.72
			d_{16}	0.85	d_{17}	0.82

3. 土壤表征下的驱动因子分析

额济纳绿洲的土地资源类型主要有耕地、林地、草地、水域、建设用地以及未利用土地，其中未利用土地面积最大，包括沙地、盐碱地、戈壁以及裸岩石砾地等，是绿洲土地的主体，故此选未利用土地面积作为参考序列进行土壤表征下的灰色关联分析。各驱动因子对土壤表征层的灰色关联值如表 5-3 所示，其中未利用土地的面积为遥感估算值。

由表 5-3 可以看出，在土壤表征下的自然驱动因子中，年沙尘暴次数为最主要的驱动因子，其关联值达到了 0.97，年蒸发量的关联值次之，为 0.93。在额济纳绿洲，土壤特征主要表现为土地沙漠化、盐碱化，而沙漠化由风沙与干旱直接驱动，同时，沙尘暴与干旱也导致了整个地区未利用的土地面积远远超过了其他形式的土地利用类型面积，故此在土壤表征下，沙尘暴与年蒸发量是主要的驱动因子。

在土壤表征下的人文驱动因子中，第一产业增加值的关联值最大，为 0.93，是首要的驱动因子，其次为年末牲畜存栏头数，其关联系数分别为 0.92。额济纳绿洲长期农牧交替，第一产业中与农业相关的耕地面积、灌溉面积可引起土地的沙漠化、盐碱化。研究时段内，无有效措施保护而大面积开荒、弃耕、撂荒等导致的耕地面积变化，可直接引起土地的荒漠化，从而引起土地利用类型变化；灌溉方式的不合理可直接导致土壤盐碱化。第一产业中与牧业相关的年末牲畜存栏头数可直接或间接影响绿洲的土地类型变化。随着牲畜数量的增长，草场载畜量变大，草场利用强度增加，长期超载而引发草场植被退化可能转化为未利用土地；草场载畜量减少，绿洲生态系统自然趋于恢复，未利用土地可以间接转化为草场。第一产业中与林业相关的当年造林面积可直接导致林地的变化从而引起土地利用类型的变化。

表 5-3　额济纳绿洲土壤表征下的驱动机制灰色关联分析

表征	自然驱动因子		人文驱动因子	
	代码	关联值	代码	关联值
土壤	d_1	0.80	d_6	0.85
	d_2	0.93	d_7	0.87
	d_3	0.97	d_8	0.86
	d_4	0.83	d_9	0.75
	d_5	0.87	d_{10}	0.71
			d_{11}	0.89
			d_{12}	0.93
			d_{13}	0.65
			d_{14}	0.70
			d_{15}	0.79
			d_{16}	0.82
			d_{17}	0.92

4. 植被表征下的驱动因子分析

以植被覆盖面积作为参考序列对植被表征下的驱动因子进行灰色关联分析，各驱动因子的灰色关联值如表 5-4 所示，其中植被覆盖面积为高植被、中植被、低植被覆盖三者之和，由遥感估算获得。

由表 5-4 可以看出，植被表征下的自然驱动因子与土壤表征下的自然驱动因子一样，依然是年沙尘暴次数与年蒸发量，关联值分别为 0.95 和 0.92。在研究时段内，额济纳绿洲的植被变化主要表现为：2000 年前，无植被覆盖面积增加，高、中、低植被覆盖面积减少；2000 年后，无植被覆盖面积减少，而高、中、低植被覆盖面积增加。其中无植被覆盖面积最大，是绿洲植被覆盖的主体，其包括了沙地、盐碱地、戈壁以及裸岩石砾地等未利用土地，故此植被表征下的驱动因子同土壤表征下的驱动因子，沙尘暴与年蒸发量仍然是主要的自然驱动因子。

同样，植被表征下的人文驱动因子也与土壤表征下的人文驱动因子一样，第一产业增加值的关联值最大，为 0.93，是首要的驱动因子，其次为年末牲畜存栏头数，其关联系数分别为 0.91。原因同上，第一产业中与农业相关的耕地面积、灌溉面积、第一产业中与牧业相关的牲畜年末存栏头数以及第一产业中与林业相关的当年造林面积都可直接或间接引起高、中、低植被覆盖以及无植被覆盖的变化。

表 5-4　额济纳绿洲植被表征下的驱动机制灰色关联分析

表征	自然驱动因子		人文驱动因子	
	代码	关联值	代码	关联值
植被	d_1	0.80	d_6	0.85
	d_2	0.92	d_7	0.87
	d_3	0.95	d_8	0.86
	d_4	0.82	d_9	0.74
	d_5	0.87	d_{10}	0.71
			d_{11}	0.88
			d_{12}	0.93
			d_{13}	0.65
			d_{14}	0.70
			d_{15}	0.79
			d_{16}	0.82
			d_{17}	0.91

总之，额济纳绿洲的稳定性受自然因子和人文因子的双重影响，水资源表征下的自然驱动因子中年蒸发量为最主要的驱动因子；土壤、植被表征下的自然驱动因子一样，都是年蒸发量和沙尘暴次数，这与额济纳绿洲地处于极端干旱区，干旱与沙尘暴是其最重要的自然灾害密切相关，额济纳绿洲生态环境恶化以来，国家虽然投入了大量的人力、物力治理，但从研究时段来看，沙尘暴仍然是额济纳地区的重大自然灾害之一。在人文驱动因子中，水资源表征下的驱动因子首要是狼心山径流，其次为第一产业增加值和年末耕地面积；而土壤、植被表征下的人文驱动因子也一样，首要驱动因子都为第一产业增加值，其次是年末牲畜存栏头数，这充分说明了黑河自正义峡流出的水量是维系额济纳绿洲的唯一水源的正确性以及额济纳地区农牧业主体地位的长期性。

第6章 常用评价法在额济纳绿洲稳定性评价中的应用

如何保持绿洲的稳定性并使绿洲进入可持续发展的轨道是一个复杂的问题。有并且只有建立起一套绿洲稳定性评价指标体系，运用先进的方法和手段对绿洲稳定性进行评估、监测和预测，才能使绿洲发展不偏离可持续发展的轨道。也只有建立一套科学、严密、完整的绿洲稳定性评价指标体系，才能了解绿洲发展与绿洲稳定可持续发展目标之间的差距，才能对绿洲稳定性水平进行横向和纵向的比较，找出存在的问题与不足，校正发展方向，使绿洲化从理论阶段进入可操作阶段。因此，进行绿洲稳定性及其评价指标体系研究的意义重大。

6.1 绿洲稳定性评价指标体系概述

6.1.1 绿洲稳定性评价指标体系的构建原则

指标体系的构成是一个庞大而严密的定量式大纲，依据各个指标的作用、贡献、表现和位置，既可以分析、比较、判别评价目标的发展状态、进程和总体态势，同时还可以还原、复制、模拟、预测评价目标的未来演化、方案预选和监测预警等。故此，构建绿洲稳定性评价指标体系对绿洲稳定性综合评价有着至关重要的作用，它不仅可以使决策者、实施者和社会公众达成对绿洲的共识，同时也是当前把握绿洲、评价绿洲稳定性的最佳工具。但指标体系的构建是一个"仁者见仁，智者见智"的工作，不同的评价者，不同的评价角度，都可能会得到不一样的评价指标体系。本书结合众多专家关于评价指标体系的研究实践及研究目标绿洲的特殊性，将绿洲稳定性评价指标体系的构建原则总结如下。

1. 目的性与针对性原则

目的性与针对性原则能充分反映决策者所关注的焦点内容。因为指标体系的构建是为科学决策服务的，指标体系的选取必须能刻画出决策者对于评价对象和评价目的所关注的最重要内容。同时，要切实根据评价对象和评价目的选择最关键的指标并构建指标体系。同一个评价对象，不同的评价目的，构建的指标体系也不相同；同样的评价目的，不同的评价对象，也会得到不一样的指标体系。故此，满足目的性与针对性的指标体系，才能真正指导决策。

2. 科学性与整体性原则

绿洲作为一个被评价的有机整体，指标体系的构建不仅应该可以从各个不同角度反映出该系统的主要特征状况、动态变化和发展趋势等，而且也应建立在充分认识、系统研究绿洲的科学基础上。

3. 全面性与可行性原则

绿洲稳定性综合评价指标体系在考虑涵盖评价对象各方面的同时，指标体系中的指标取舍要考虑到指标量化及数量取得难易程度和可靠性，指标内容应简单明了、容易理解、可比性强，同时具有容易获取等特征。

4. 动态性与前瞻性原则

绿洲作为评价对象，在不同时期决策者所关注的焦点或者目标可能不尽相同，评价的内容也就可能发生变化，相应的指标体系也需要相应变化和调整，因此在建立绿洲稳定性评价指标体系是必须充分考虑动态性与前瞻性原则。

5. 层次性原则

对于指标体系整体而言，应当具有一定的逻辑层次结构。绿洲生态系统也不例外，在构建绿洲稳定性综合评价指标体系时，应根据绿洲及绿洲系统稳定性的特点，将其分解为若干个亚系统，亚系统再分为若干个子系统，这样指标体系就会结构清晰，层次分明，便于操作。

然而，指标体系的全面性不可避免地会造成指标重叠。指标的个数越多，能反映的信息量就越大，但是指标间信息重叠程度就可能越高。其次，指标个数越多，会使一些非重要的指标被纳入指标体系，从而使得真正反映指标体系特征的重要指标对评价对象的刻画程度下降，影响指标体系的评价精度。因此，选取指标时需要在指标体系的全面性和独立性以及评价精度之间进行综合权衡。

6.1.2　指标体系的构建过程

指标体系的构建是一个"具体—抽象—具体"的逻辑思维过程，是人们对评价对象本质特征的认识逐步深化、逐步精细、逐步完善、逐步系统化的过程，可分为以下几环节（图 6-1）。

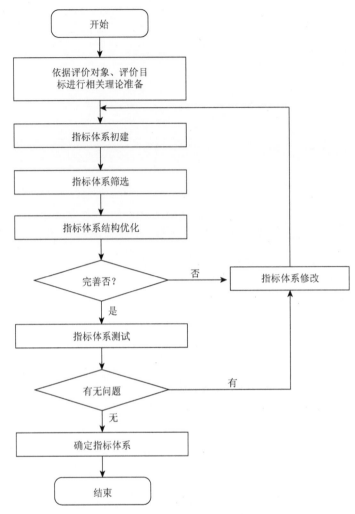

图 6-1　指标体系构建流程图

1. 理论准备

指标体系的设计者必须对评价对象和评价目的有清楚的认识，并对相关的基础理论有一定深度和广度的了解，深刻理解评价内容。只有在概念清晰的基础上，才能构建与评价对象的评价目的相符的指标体系。

2. 指标体系初建

设计者可以采用系统分析的方法来构造指标体系框架，这是一个认识进一步深化的过程，是一个由粗到细、由细到精的思考过程。在设计指标体系时，要注意选取能切实反映评价对象本质特征的具有代表性的指标，当评价对象有多种属性时，要从多角度出发选取评价指标。指标的选取方法有定性和定量两种，定性方法选取指标主要是由设计者和决策者主观确定有哪些指标；定量方法选取指标，如主成分分析法，可以通过降维处理求具有代表性的指标。一般来说，可以先用定性方法主观地选取评价指标的尽可能的"全集"，再用定量方法选出代表性的主要指标。

3. 指标体系筛选

指标体系初建所得的指标集一般都不是最合理和最必要的，可能有重叠和冗余的指标，或者关联度很高的指标，因此就需要对初选指标集进行筛选，得到最简洁明了而且能反映评价对象特征的指标体系。

4. 指标体系结构优化

从整体上对指标体系的结构进行分析，将指标聚成不同的大类，反映指标体系的不同方面的特性，最后不同方面的特性再聚合成整个指标体系的总体特性。结构合理的指标体系可以通过评价反映出评价对象不同方面的状况，便于系统优化。

5. 指标体系应用

通过实际应用指标体系，分析评价结果的合理性，寻找导致评价结论出现不合理的原因，修正指标体系。

6.1.3　绿洲稳定性评价指标体系的作用

指标体系对系统评价有着至关重要的作用，它是决策者、实施者和社会公众认识、把握绿洲稳定性的基本工具。具体到绿洲系统而言，其作用可以从以下几方面阐述。

（1）从功能上，指标是对客观世界的一种刻画、描述和度量，是一种"尺度"和"标准"。因此，绿洲稳定性评价指标体系应该帮助使用者明确关键问题并刻画整体状态和趋势。

（2）从内容上，指标体系是评价的基础，因而绿洲稳定性评价指标体系既应能够描述和表现任一时刻发展的各个方面（社会经济、资源环境等）的现状，如人群生活质量、经济水平、环境质量等，也应能够描述和表现出任一时刻发展的各个方面的变化趋势，如人口的增长率、产值的增长率等，还应能够描述和表现出发展的各个方面的协调程度。

（3）从形式上，绿洲稳定性评价指标体系应具有一定的功能结构。由于绿洲稳定性是一个动态过程，所以绿洲稳定性评价指标体系的内容也将是一个多属性、多层次、多变化的评价体系。它不是一组指标的独立出现，也不是一组指标的简单堆砌，而是多方面测度指标有机结合形成的综合体。

6.2　额济纳绿洲稳定性评价指标体系的构建方法及初步框架

依据绿洲指标体系的构建原则、构建过程、绿洲稳定性评价指标体系的作用及前人对额济纳绿洲的研究成果，结合额济纳绿洲的实际情况，将额济纳绿洲稳定性评价系统划分为三个子系统：自然资源环境子系统、社会经济子系统以及自然灾害子系统。在自然资源环境子系统下设水资源类指标、植被与土壤类指标（由于植被与土壤类指标具有某些共同特征，故将其合为同一类处理）。水资源类指标包括年降水量、年蒸发量、年均气温、狼心山径流、年耗水总量 5 个指标；植被与土壤类指标包括绿洲指数、年末耕地面积、灌溉面积、当年造林面积、草场载畜量、荒漠化面积、盐碱化面积 7 个指标。在社会经济子系统下设经济类指标与社会类指标，经济类指标包括人均 GDP、农牧民人均收入、工业生产总值、第一产业增加值、第二产业增加值、第三产业增加值、第二产业占 GDP 比例、第三产业占 GDP 比例、大规模工业生产废物排放量、化肥施用量 10 个指标；社会类指标包括绿洲人口密度、人口自然增长率、每万人在校大学生人数、每万人拥有专业技术人员、年末牲畜存栏头数、人均公共绿地面积 6 个指标。自然灾害子系统下设自然灾害类指标包括大风日数、沙尘暴次数 2 个指标。而后向 30 位长期从事额济纳绿洲生态恢复及可持续发展研究的学者专家进行走访或问卷调查指标的重要性与重复性，删掉专家一致认为不必要的指标，重复指标保留其中一个，加上专家增加的指标，从而构成了额济纳绿洲稳定性综合评价的初步指标体系（含有 23个指标），如表 6-1 所示。

表 6-1　额济纳绿洲系统稳定性综合评价指标体系初步框架

系统层	子系统层	指标类别	指标层		
			代码	单位	指标
额济纳绿洲系统稳定性综合评价	自然资源环境子系统	水资源类	c_1	mm	年降水量
			c_2	mm	年蒸发量
			c_3	亿 m^3	狼心山径流
			c_4	m	地下水水位埋深

系统层	子系统层	指标类别	指标层		
			代码	单位	指标
额济纳绿洲系统稳定性综合评价		植被与土壤类	c_5	无量纲	绿洲指数
			c_6	亩	年末耕地面积
			c_7	亩	灌溉面积
			c_8	亩	当年造林面积
			c_9	头	草场载畜量（羊）
			c_{10}	万亩	荒漠化面积
			c_{11}	万亩	盐碱化面积
	社会经济子系统	经济类	c_{12}	元/人	人均 GDP
			c_{13}	元/a	农牧民人均收入
			c_{14}	万元	工业生产总值
			c_{15}	%	第二产业占 GDP 比例
			c_{16}	%	第三产业占 GDP 比例
		社会类	c_{17}	人/km²	绿洲人口密度
			c_{18}	‰	人口自然增长率
			c_{19}	人	每万人在校大学生人数
			c_{20}	头	年末牲畜头数
	自然灾害子系统	自然灾害类	c_{21}	天	大风日数（风速）
			c_{22}	次	沙尘暴次数
			c_{23}	天	霜冻天数

注：地下水位埋深指东、西河地下水位平均埋深（m）；绿洲指数指绿洲面积/平原区总面积（无量纲）；草场载畜量指单位面积草场承载的牲畜头数（头）；荒漠化指数指荒漠化土地面积（万亩）；盐碱化指数指盐碱化耕地面积（万亩）；工业生产总值：（万元）；第二、三产业占 GDP 比例指第二、三产业的增加值占国内生产总值的比例（%）；绿洲人口密度指总人口/绿洲面积（人/km²）；没有说明的指标同第 5 章指标说明。

6.3　绿洲稳定性指数

6.3.1　绿洲稳定性指数 OSI

绿洲稳定性的综合评价最后是指标的合成，是通过算式将多个指标对绿洲稳定性不同方面的评价值综合在一起，得到一个整体性评价。当前最常用的方法是加权线性和法，其表达式如下：

$$\text{OSI} = \sum_{i=1}^{n} W_i X_i \tag{6-1}$$

式中，OSI（oasis stability index）被称为绿洲稳定性指数，是被评价对象的综合评价值；W_i 为评价指标的权重；X_i 为指标标准化后的值；n 为评价指标的个数。

6.3.2　指标值的标准化

由于各指标的含义不同，指标值的计算方法也不同，造成各指标的量纲各异。而综合评价就是要将多种不同的数据进行综合，因而可以借助于标准化方法来消除数据量纲的影响（胡永宏等，2000）。我们选用归一化方法进行标准化，其表达式如下：

$$x'_{ij} = \frac{x_{ij}}{\sum\limits_{i=1}^{n} x_{ij}} \qquad (1 \leqslant i \leqslant m, 1 \leqslant j \leqslant n) \qquad (6\text{-}2)$$

6.3.3　逆指标的处理

对于选出的评价指标，如果是正指标，即指标值越大越好，上面介绍的方法是适用的。对于逆指标，上面介绍的方法是不适用的，必须先将它们转换为正指标，然后再无量纲化。逆指标本研究采用倒数法转换为正指标。

6.3.4　负指标的处理

对于负指标的处理，本书采用减去最小值的方法处理。

6.4　灰色关联分析法在额济纳绿洲稳定性评价中的应用

6.4.1　灰色关联分析法

灰色关联度分析法（grey relational analysis）是灰色系统分析方法的一种，它是根据因素之间发展趋势的相似或相异程度，亦即"灰色关联度"，来作为衡量因素间关联程度的一种方法。同回归分析相比，它对样本多少和类型无特殊要求，且计算量小，量化结果可靠，其模型及具体计算见第 5 章。

6.4.2　灰色关联分析法的计算结果

应用 SPSS 7.0 和 Matlab 等软件，先对额济纳绿洲稳定性指标体系值标准化（表 6-2），再计算灰色关联分析法下的额济纳绿洲稳定性评价指标的权重与额济纳绿洲稳定性指数 OSI，具体结果如表 6-3 和表 6-4 所示。

表 6-2　额济纳绿洲综合评价指标体系指标标准化

年份	c_1	c_2	c_3	c_4	c_5	c_6	c_7	c_8	c_9	c_{10}	c_{11}	c_{12}	c_{13}	c_{14}	c_{15}	c_{16}	c_{17}	c_{18}	c_{19}	c_{20}	c_{21}	c_{22}	c_{23}
1990	0.0550	0.0435	0.0548	0.0354	0.0455	0.0301	0.0701	0.0144	0.0629	0.0298	0.0278	0.0025	0.0129	0.0021	0.0294	0.0480	0.0395	0.1195	0.0674	0.0609	0.0469	0.0526	0.0608
1991	0.0579	0.0419	0.0263	0.0404	0.0449	0.0376	0.0493	0.0079	0.0632	0.0333	0.0307	0.0030	0.0109	0.0025	0.0353	0.0413	0.0395	0.1322	0.0598	0.0622	0.0469	0.0632	0.0429
1992	0.0354	0.0417	0.0172	0.0468	0.0444	0.0383	0.0225	0.0111	0.0616	0.0351	0.0329	0.0029	0.0136	0.0024	0.0306	0.0435	0.0395	0.0754	0.0397	0.0608	0.0438	0.0842	0.0517
1993	0.0558	0.0416	0.0487	0.0437	0.0436	0.0311	0.0339	0.0099	0.0567	0.0365	0.0358	0.0032	0.0149	0.0028	0.0341	0.0379	0.0426	0.0580	0.0299	0.0567	0.0423	0.0316	0.0555
1994	0.0681	0.0429	0.0251	0.0442	0.0421	0.0293	0.0446	0.0103	0.0526	0.0382	0.0373	0.0035	0.0171	0.0025	0.0212	0.0424	0.0426	0.0684	0.0269	0.0540	0.0407	0.0737	0.0144
1995	0.0888	0.0416	0.0358	0.0463	0.0419	0.0300	0.0330	0.0148	0.0514	0.0394	0.0402	0.0042	0.0188	0.0030	0.0188	0.0335	0.0426	0.0418	0.0256	0.0534	0.0423	0.0316	0.0342
1996	0.0256	0.0416	0.0473	0.0431	0.0418	0.0308	0.0341	0.0123	0.0512	0.0417	0.0424	0.0049	0.0209	0.0036	0.0200	0.0390	0.0426	0.0578	0.0268	0.0537	0.0423	0.0737	0.0315
1997	0.0555	0.0436	0.0199	0.0455	0.0407	0.0312	0.0302	0.0210	0.0508	0.0421	0.0453	0.0058	0.0231	0.0046	0.0235	0.0379	0.0426	0.0497	0.0282	0.0526	0.0376	0.0421	0.0532
1998	0.0206	0.0456	0.0493	0.0458	0.0406	0.0323	0.0254	0.0244	0.0504	0.0442	0.0490	0.0072	0.0254	0.0056	0.0270	0.0424	0.0426	0.0398	0.0269	0.0516	0.0423	0.0526	0.0688
1999	0.0796	0.0431	0.0303	0.0436	0.0402	0.0323	0.0282	0.0491	0.0512	0.0464	0.0519	0.0090	0.0273	0.0093	0.0341	0.0435	0.0426	0.0400	0.0222	0.0534	0.0454	0.0632	0.0350
2000	0.0309	0.0438	0.0266	0.0460	0.0401	0.0350	0.0313	0.0403	0.0514	0.0473	0.0548	0.0101	0.0289	0.0097	0.0364	0.0446	0.0426	0.0315	0.0269	0.0536	0.0501	0.0526	0.0570
2001	0.0215	0.0468	0.0205	0.0479	0.0388	0.0276	0.0246	0.0257	0.0463	0.0508	0.0570	0.0117	0.0308	0.0105	0.0411	0.0435	0.0426	0.0639	0.0320	0.0492	0.0469	0.0842	0.0342
2002	0.0354	0.0305	0.0456	0.0484	0.0369	0.0424	0.0220	0.1024	0.0418	0.0528	0.0585	0.0130	0.0317	0.0101	0.0411	0.0457	0.0426	0.0317	0.0408	0.0452	0.0469	0.0316	0.0380
2003	0.0401	0.0514	0.0675	0.0457	0.0382	0.0514	0.0253	0.0244	0.0388	0.0508	0.0548	0.0189	0.0350	0.0081	0.0503	0.0415	0.0441	0.0125	0.0557	0.0420	0.0423	0.0316	0.0509
2004	0.0356	0.0661	0.0370	0.0431	0.0399	0.0507	0.0527	0.0904	0.0323	0.0491	0.0490	0.0450	0.0403	0.0414	0.0634	0.0429	0.0444	0.0147	0.0581	0.0328	0.0423	0.0421	0.0334
2005	0.0312	0.0324	0.0460	0.0319	0.0418	0.0574	0.0651	0.0244	0.0309	0.0473	0.0446	0.0542	0.0464	0.0592	0.0611	0.0454	0.0447	-0.0033	0.0691	0.0307	0.0423	0.0211	0.0433
2006	0.0415	0.0468	0.0578	0.0439	0.0426	0.0574	0.0386	0.0946	0.0308	0.0462	0.0424	0.0705	0.0522	0.0802	0.0601	0.0480	0.0453	0.0263	0.0661	0.0280	0.0423	0.0316	0.0380
2007	0.0319	0.0448	0.0610	0.0426	0.0453	0.0574	0.0652	0.0447	0.0298	0.0457	0.0424	0.0923	0.0605	0.0996	0.0603	0.0482	0.0456	0.0371	0.0602	0.0247	0.0423	0.0211	0.0361
2008	0.0376	0.0412	0.0657	0.0426	0.0478	0.0575	0.0546	0.0776	0.0302	0.0454	0.0417	0.1040	0.0741	0.1054	0.0612	0.0438	0.0456	-0.0406	0.0485	0.0269	0.0423	0.0211	0.0414
2009	0.0392	0.0435	0.0639	0.0433	0.0489	0.0588	0.0585	0.0960	0.0297	0.0450	0.0409	0.1202	0.0818	0.1129	0.0632	0.0470	0.0465	0.0336	0.0498	0.0267	0.0438	0.0211	0.0456
2010	0.0340	0.0366	0.0454	0.0430	0.0500	0.0599	0.0556	0.0573	0.0290	0.0448	0.0409	0.1302	0.0957	0.1208	0.0638	0.0453	0.0462	0.0439	0.0475	0.0273	0.0423	0.0316	0.0376
2011	0.0416	0.0476	0.0547	0.0436	0.0514	0.0605	0.0690	0.0707	0.0288	0.0443	0.0402	0.1360	0.1105	0.1475	0.0625	0.0460	0.0468	0.0335	0.0469	0.0265	0.0438	0.0316	0.0524
2012	0.0372	0.0413	0.0535	0.0431	0.0527	0.0611	0.0661	0.0759	0.0284	0.0439	0.0395	0.1476	0.1270	0.1563	0.0615	0.0489	0.0468	0.0326	0.0449	0.0270	0.0423	0.0211	0.0441

表 6-3　灰色关联分析法的额济纳绿洲评价指标权重

指标代码	关联度	权重
c_1	0.8202	0.0430
c_2	0.9405	0.0493
c_3	0.8194	0.0430
c_4	0.9629	0.0505
c_5	0.9438	0.0495
c_6	0.8280	0.0434
c_7	0.7967	0.0418
c_8	0.6878	0.0361
c_9	0.8391	0.0440
c_{10}	0.9291	0.0487
c_{11}	0.9035	0.0474
c_{12}	0.5909	0.0310
c_{13}	0.7137	0.0374
c_{14}	0.5761	0.0302
c_{15}	0.7961	0.0417
c_{16}	0.9535	0.0508
c_{17}	0.9692	0.0500
c_{18}	0.7530	0.0395
c_{19}	0.8184	0.0429
c_{20}	0.8248	0.0432
c_{21}	0.9651	0.0506
c_{22}	0.7709	0.0404
c_{23}	0.8695	0.0456

表 6-4　灰色关联分析法的额济纳绿洲稳定性 OSI 值

年份	OSI
1990	0.0450
1991	0.0433
1992	0.0393
1993	0.0382
1994	0.0378
1995	0.0367
1996	0.0372
1997	0.0372
1998	0.0387
1999	0.0410
2000	0.0400
2001	0.0401
2002	0.0413
2003	0.0413
2004	0.0454
2005	0.0419
2006	0.0480
2007	0.0481
2008	0.0468
2009	0.0524
2010	0.0509
2011	0.0546
2012	0.0549

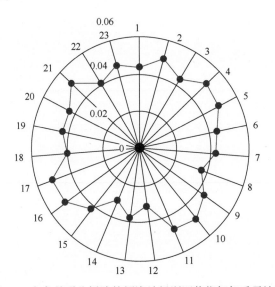

图 6-2　灰色关联分析法的额济纳绿洲评价指标权重雷达图

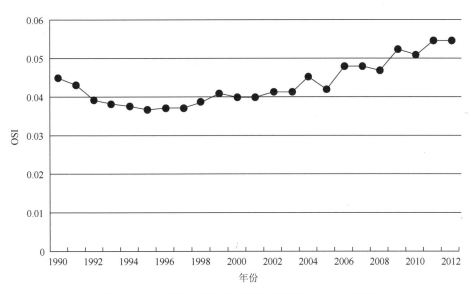

图 6-3　灰色关联分析法的额济纳绿洲稳定性 OSI 值图

从表 6-3、表 6-4、图 6-2 和图 6-3 可以看出，在灰色关联分析法下，额济纳绿洲稳定性评价指标中权重最大的是第三产业占 GDP 比例；其次为大风日数、地下水水位埋深与绿洲人口密度；最小的是工业生产总值。而绿洲稳定性 OSI 最大的是 2012 年，其次为 2011 年、2009 年与 2010 年；最小的 1995 年，其次为 1996年与 1997 年。

6.5　主成分分析法在额济纳绿洲稳定性评价中的应用

6.5.1　主成分分析法

主成分分析是数学上对数据降维的一种方法。其基本思想是设法将原来众多的具有一定相关性的指标 X_1，X_2，$\cdots$，X_p（比如 p 个指标），重新组合成一组较少个数的互不相关的综合指标 F_m 来代替原来指标。那么综合指标应该如何去提取，使其既能最大限度地反映原变量 X_p 所代表的信息，又能保证新指标之间保持相互无关（信息不重叠）。

主成分分析的具体步骤如下。

1. 计算协方差矩阵

计算样品数据的协方差矩阵：

$$\sum = S_{ij} p \times p$$

其中，

$$s_{ij} = \frac{1}{n-1} \sum_{k=1}^{n} (x_{ki} - \overline{x}_i)(x_{kj} - \overline{x}_j) \qquad i, j = 1, 2, \cdots, p \qquad （6-3）$$

2. 求出 Σ 的特征值 λ_i 及相应的正交化单位特征向量 a_i

Σ 的前 m 个较大的特征值 $\lambda_1 \geqslant \lambda_2 \geqslant \cdots \lambda_m > 0$ 就是前 m 个主成分对应的方差，λ_i 对应的单位特征向量 a_i 就是主成分 F_i 的关于原变量的系数，则原变量的第 i 个主成分 F_i 为

$$F_i = a_i'X \tag{6-4}$$

主成分的方差（信息）贡献率用来反映信息量的大小，α_i 为

$$\alpha_i = \lambda_i / \sum_{i=1}^{m} \lambda_i \tag{6-5}$$

3. 选择主成分

最终要选择几个主成分，即 $F_1, F_2, \cdots, F_m$ 中 m 的确定是通过方差（信息）累计贡献率 $G(m)$ 来确定：

$$G(m) = \sum_{i=1}^{m} \lambda_i / \sum_{k=1}^{p} \lambda_k \tag{6-6}$$

当累积贡献率大于 85% 时，就认为能足够反映原来变量的信息了，对应的 m 就是抽取的前 m 个主成分。

4. 计算主成分载荷

主成分载荷是反映主成分 F_i 与原变量 X_j 之间的相互关联程度，原来变量 X_j $(j=1, 2, \cdots, p)$ 在主成分 F_i（$i=1, 2, \cdots, m$）上的荷载 l_{ij} $(i=1, 2, \cdots, m; j=1, 2, \cdots, p)$：

$$l(Z_i, X_j) = \sqrt{\lambda_i} a_{ij} (i=1,2,\cdots,m; j=1,2,\cdots,p) \tag{6-7}$$

5. 计算主成分得分

计算样品在 m 个主成分上的得分：

$$F_i = a_{1i}X_1 + a_{2i}X_2 + \cdots + a_{pi}X_p \ (i=1, 2, \cdots, m) \tag{6-8}$$

6.5.2　主成分分析法的计算结果

主成分分析相关系数矩阵和方差分解主成分提取分析表如表 6-5 和表 6-6 所示。同前，应用 SPSS 7.0 和 Matlab 等软件计算主成分分析法下的额济纳绿洲稳定性评价指标的权重与额济纳绿洲稳定性指数 OSI，具体结果如表 6-7 和表 6-8 所示。

从表 6-7、表 6-8、图 6-4 和图 6-5 中可以看出，在主成分分析法下，额济纳绿洲稳定性评价指标中权重最大的是灌溉面积；其次为工业生产总值、人均 GDP 与绿洲指数；最小的是人口自然增长率。而绿洲稳定性 OSI 最大的是 2012 年，其次为 2011 年、2009 年与 2010 年；最小的为 1995 年，其次为 1997 年、1993 年与 1994 年。

表 6-5　主成分分析之相关系数矩阵

元素	X_1	X_2	X_3	X_4	X_5	X_6	X_7	X_8	X_9	X_{10}	X_{11}	X_{12}	X_{13}	X_{14}	X_{15}	X_{16}	X_{17}	X_{18}	X_{19}	X_{20}	X_{21}	X_{22}	X_{23}
X_1	1.000	0.047	0.088	-0.104	-0.141	0.083	-0.146	0.069	0.176	-0.437	-0.432	0.087	0.123	0.081	0.171	0.246	0.148	-0.108	-0.026	0.144	0.146	-0.059	-0.227
X_2	0.047	1.000	0.015	-0.225	-0.126	0.032	0.019	0.126	0.084	-0.118	-0.126	-0.014	-0.024	-0.020	0.159	-0.058	0.090	0.495	0.114	0.066	-0.119	-0.166	0.011
X_3	0.088	0.015	1.000	0.231	0.380	0.643	0.464	0.447	0.618	-0.202	0.000	0.571	0.520	0.560	0.572	0.397	0.605	0.013	0.502	0.640	-0.163	0.718	-0.263
X_4	-0.104	-0.225	0.231	1.000	0.218	0.230	0.655	-0.161	0.165	0.308	0.417	0.122	0.045	0.141	0.232	0.285	0.004	-0.777	0.618	0.179	-0.003	0.272	-0.098
X_5	-0.141	-0.126	0.380	0.218	1.000	0.580	0.740	0.248	0.527	0.265	0.524	0.801	0.763	0.805	0.479	0.404	0.491	-0.009	0.279	0.601	-0.146	0.554	-0.132
X_6	0.083	0.032	0.643	0.230	0.580	1.000	0.613	0.682	0.942	-0.418	-0.086	0.891	0.838	0.884	0.937	0.609	0.822	-0.159	0.646	0.938	-0.198	0.822	-0.176
X_7	-0.146	0.019	0.464	0.655	0.740	0.613	1.000	0.262	0.604	0.191	0.452	0.692	0.614	0.707	0.591	0.536	0.480	-0.308	0.635	0.658	-0.090	0.618	0.001
X_8	0.069	0.126	0.447	-0.161	0.248	0.682	0.262	1.000	0.732	-0.574	-0.365	0.653	0.645	0.645	0.721	0.568	0.670	0.190	0.306	0.701	0.060	0.539	-0.085
X_9	0.176	0.084	0.618	0.165	0.527	0.942	0.604	0.732	1.000	-0.566	-0.250	0.918	0.882	0.913	0.925	0.566	0.938	-0.147	0.507	0.983	-0.273	0.826	-0.055
X_{10}	-0.437	-0.118	-0.202	0.308	0.265	-0.418	0.191	-0.574	-0.566	1.000	0.934	-0.326	-0.391	-0.311	-0.490	-0.177	-0.638	0.007	0.073	-0.468	0.068	-0.339	-0.017
X_{11}	-0.432	-0.126	0.000	0.417	0.524	-0.086	0.452	-0.365	-0.250	0.934	1.000	-0.007	-0.103	0.010	-0.181	0.035	-0.373	-0.066	0.313	-0.141	-0.016	-0.068	-0.008
X_{12}	0.087	-0.014	0.571	0.122	0.801	0.891	0.692	0.653	0.918	-0.326	-0.007	1.000	0.974	0.995	0.843	0.589	0.879	-0.039	0.402	0.936	-0.199	0.796	-0.111
X_{13}	0.123	-0.024	0.520	0.045	0.763	0.838	0.614	0.645	0.882	-0.391	-0.103	0.974	1.000	0.971	0.791	0.563	0.876	0.001	0.288	0.873	-0.166	0.755	-0.130
X_{14}	0.081	-0.020	0.560	0.141	0.805	0.884	0.707	0.645	0.913	-0.311	0.010	0.995	0.971	1.000	0.834	0.603	0.871	-0.064	0.407	0.936	-0.196	0.801	-0.111
X_{15}	0.171	0.159	0.572	0.232	0.479	0.937	0.591	0.721	0.925	-0.490	-0.181	0.843	0.791	0.834	1.000	0.659	0.797	-0.148	0.657	0.911	-0.043	0.744	-0.198
X_{16}	0.246	-0.058	0.397	0.285	0.404	0.609	0.536	0.568	0.566	-0.177	0.035	0.589	0.563	0.603	0.659	1.000	0.401	-0.092	0.578	0.597	0.303	0.376	-0.099
X_{17}	0.148	0.090	0.605	0.004	0.491	0.822	0.480	0.670	0.938	-0.638	-0.373	0.879	0.876	0.871	0.797	0.401	1.000	-0.043	0.235	0.913	-0.356	0.802	0.010
X_{18}	-0.108	0.495	0.013	-0.777	-0.009	-0.159	-0.308	0.190	-0.147	0.007	-0.066	-0.039	0.001	-0.064	-0.148	-0.092	-0.043	1.000	-0.296	-0.129	0.075	-0.280	0.023
X_{19}	-0.026	0.114	0.502	0.618	0.279	0.646	0.635	0.306	0.507	0.073	0.313	0.402	0.288	0.407	0.657	0.578	0.235	-0.296	1.000	0.530	0.037	0.454	-0.216
X_{20}	0.144	0.066	0.640	0.179	0.601	0.938	0.658	0.701	0.983	-0.468	-0.141	0.936	0.873	0.936	0.911	0.597	0.913	-0.129	0.530	1.000	-0.269	0.840	-0.064
X_{21}	0.146	-0.119	-0.163	-0.003	-0.146	-0.198	-0.090	0.060	-0.273	0.068	-0.016	-0.199	-0.166	-0.196	-0.043	0.303	-0.356	0.075	0.037	-0.269	1.000	-0.270	-0.226
X_{22}	-0.059	-0.166	0.718	0.272	0.554	0.822	0.618	0.539	0.826	-0.339	-0.068	0.796	0.755	0.801	0.744	0.376	0.802	-0.280	0.454	0.840	-0.270	1.000	-0.235
X_{23}	-0.227	0.011	-0.263	-0.098	-0.132	-0.176	0.001	-0.085	-0.055	-0.017	-0.008	-0.111	-0.130	-0.111	-0.198	-0.099	0.010	0.023	-0.216	-0.064	-0.226	-0.235	1.000

表 6-6 方差分解主成分提取分析表

成分	初始特征值			提取平方和载入		
	合计	方差的/%	累积%	合计	方差的/%	累积%
1	11.046	48.028	48.028	11.046	48.028	48.028
2	3.778	16.425	64.454	3.778	16.425	64.454
3	1.933	8.406	72.860	1.933	8.406	72.860
4	1.391	6.047	78.907	1.391	6.047	78.907
5	1.225	5.326	84.232	1.225	5.326	84.232
6	1.073	4.663	88.896	1.073	4.663	88.896
7	0.795	3.455	92.351			
8	0.481	2.091	94.442			
9	0.374	1.627	96.069			
10	0.281	1.221	97.290			
11	0.233	1.012	98.302			
12	0.169	.737	99.039			
13	0.090	0.390	99.429			
14	0.051	0.221	99.650			
15	0.028	0.122	99.772			
16	0.026	0.113	99.885			
17	0.015	0.064	99.948			
18	0.005	0.024	99.972			
19	0.003	0.014	99.986			
20	0.003	0.012	99.998			
21	0.000	0.002	100.000			
22	1.242E-5	5.399E-5	100.000			
23	3.850E-18	1.674E-17	100.000			

表 6-7 主成分分析的额济纳绿洲评价指标权重

指标代码	权重
c_1	0.0241
c_2	0.0236
c_3	0.0449
c_4	0.0324
c_5	0.0670
c_6	0.0634
c_7	0.0704
c_8	0.0441
c_9	0.0596
c_{10}	0.0155

表 6-8 主成分分析的额济纳绿洲稳定性 OSI 值

年份	OSI
1990	0.0393
1991	0.0368
1992	0.0345
1993	0.0321
1994	0.0323
1995	0.0290
1996	0.0339
1997	0.0312
1998	0.0346
1999	0.0348

续表		续表	
指标代码	权重	年份	OSI
c_{11}	0.0428	2000	0.0363
c_{12}	0.0661	2001	0.0367
c_{13}	0.0597	2002	0.0388
c_{14}	0.0677	2003	0.0388
c_{15}	0.0636	2004	0.0476
c_{16}	0.0572	2005	0.0470
c_{17}	0.0459	2006	0.0522
c_{18}	0.0071	2007	0.0549
c_{19}	0.0635	2008	0.0563
c_{20}	0.0640	2009	0.0605
c_{21}	0.0080	2010	0.0602
c_{22}	0.0486	2011	0.0650
c_{23}	0.0049	2012	0.0673

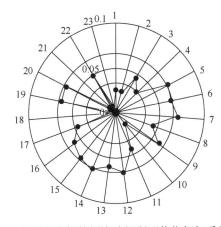

图 6-4　主成分分析的额济纳绿洲评价指标权重雷达图

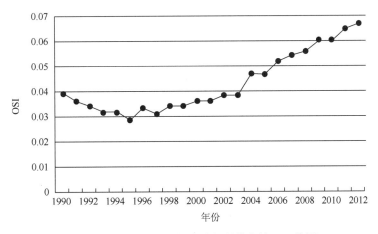

图 6-5　主成分分析的额济纳绿洲稳定性 OSI 值图

6.6　主成分与灰色关联分析结合的额济纳绿洲稳定性评价

应用组合权重法，计算灰色关联分析与主成分分析合成的权重，再应用 Matlab 计算出对应的绿洲 OSI 值，具体如表 6-9 和表 6-10 所示。

表 6-9　主成分与灰色关联分析结合的额济纳绿洲评价指标权重

指标代码	灰色关联分析权重	主成分分析权重	合成权重
c_1	0.0430	0.0241	0.0336
c_2	0.0493	0.0236	0.0365
c_3	0.0430	0.0449	0.0440
c_4	0.0505	0.0324	0.0415
c_5	0.0495	0.067	0.0583
c_6	0.0434	0.0634	0.0534
c_7	0.0418	0.0704	0.0561
c_8	0.0361	0.0441	0.0401
c_9	0.0440	0.0596	0.0518
c_{10}	0.0487	0.0155	0.0321
c_{11}	0.0474	0.0428	0.0451
c_{12}	0.0310	0.0661	0.0486
c_{13}	0.0374	0.0597	0.0486
c_{14}	0.0302	0.0677	0.0490
c_{15}	0.0417	0.0636	0.0527
c_{16}	0.0500	0.0572	0.0536
c_{17}	0.0508	0.0459	0.0484
c_{18}	0.0395	0.0071	0.0233
c_{19}	0.0429	0.0635	0.0532
c_{20}	0.0432	0.064	0.0536
c_{21}	0.0506	0.008	0.0293
c_{22}	0.0404	0.0486	0.0445
c_{23}	0.0456	0.0049	0.0253

表 6-10　主成分与灰色关联分析结合的额济纳绿洲稳定性 OSI 值

年份	OSI
1990	0.0433
1991	0.0414
1992	0.0378
1993	0.0365
1994	0.0367
1995	0.0351
1996	0.0362
1997	0.0356
1998	0.0372
1999	0.0399
2000	0.0390
2001	0.0390
2002	0.0410
2003	0.0410
2004	0.0472
2005	0.0450
2006	0.0510
2007	0.0520
2008	0.0523
2009	0.0572
2010	0.0561
2011	0.0605
2012	0.0617

从表 6-9、表 6-10、图 6-6 和图 6-7 中可以看出，在灰色关联分析与主成分分析合成下，额济纳绿洲稳定性评价指标中权重最大的是绿洲指数；其次为灌溉面积、第三产业所占比例与牲畜年末头数；最小的是人口自然增长率。而绿洲稳定性值 OSI 值最大的是 2012 年，其次为 2011 年、2009 年与 2010 年；最小的 1995 年，其次为 1997 年、1996 年、1993 年与 1994 年。

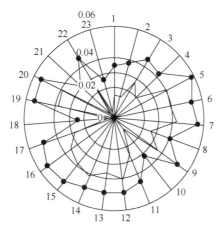

图 6-6　主成分与灰色关联分析结合的额济纳绿洲评价指标权重雷达图

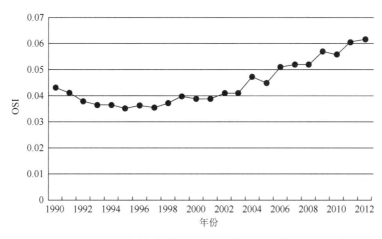

图 6-7　主成分与灰色关联分析结合的额济纳绿洲稳定性 OSI 值图

第 7 章　粗糙集在额济纳绿洲稳定性评价中的应用

1982 年，波兰学者 Z.Pawlak 提出了粗糙集理论，它是一种刻划不完整性和不确定性的数学工具，能有效地分析不精确、不一致、不完整等各种不完备的信息，还可以对数据进行分析和推理，从中发现隐含的知识，揭示潜在的规律。粗糙集理论应用于综合评价其优势特别突出，但目前的应用还处于初始与尝试阶段，尝试成功的领域主要有军事、科技、工业、农业、医学、教育、建筑等领域，而把其应用于地理领域的研究报道较少，尤其是在绿洲学中应用粗糙集理论的研究几乎没有，故此完全有必要把粗糙集理论应用于绿洲稳定性评价。

7.1　粗糙集理论的综合评价流程

7.1.1　粗糙集理论的综合评价流程

粗糙集理论将知识理解为对数据的划分，不需要数据集合以外的任何先验知识，仅根据数据本身进行挖掘和分类，揭示数据内部的规律，发现数据间的依赖关系，生成分类规则（Pawlak，1982）。不同于概率论、模糊集等传统数学分析工具，在定量分析和处理具有不确定性和不完备性的数据时很有优势，表达方式非常客观，通过上、下近似的概念来描述和表达系统的含糊性和不确定性（张静，2005）；它的属性约简功能对于评价指标的筛选效用显著，指标体系构建中的冗余或者重叠问题往往不可避免，运用粗糙集属性约简算法，即可在保持指标集的分类能力不变的情况下删除其中不相关或不重要的指标，解决指标的冗余与重叠问题（王国胤，2001；张文修等，2003）。即在不改变最终评价结果的基础上，找到一个最小子集来代替原来的指标集，使得相同的评价结果可以通过更少量的条件得出，而精度不变（丁雷等，2008）。同时粗糙集的属性重要性可以用来确定指标的权重，反映不同指标在粗糙集分类中所起作用的大小，揭示出不同指标对区分评价对象的贡献程度的不同，避免了权重求取中人为因素的干扰，方法合理、准确，增强了评估结果的客观性和可信性（胡方等，2008）。可见粗糙集理论应用于综合评价，明显胜过模糊综合评价法和神经网络评价法等，它能从数据中进行规律性知识的挖掘，无需大量的先验数据，而且它特有的属性约简和属性重要性等原理，可以科学、客观、简洁地筛选指标和确定指标权重，不但算法简洁，而且流程易于操作。下面是粗糙集理论应用于综合评价的具体步骤（图 7-1）。

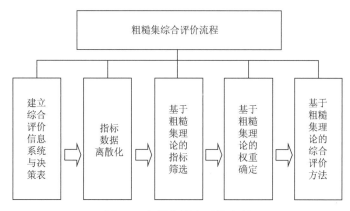

图 7-1　粗糙集综合评价流程

Step 1：建立综合评价信息系统和决策表。粗糙集的知识表达工具就是信息系统和决策表，所以必须将综合评价问题描述成信息系统和决策表的形式。构建综合评价的信息系统和决策表时，可将各指标视为决策表的条件属性，评价结果视为决策表的决策属性，从而使得基于粗糙集的综合评价问题一目了然。

Step 2：指标数据离散化。粗糙集方法只能处理离散化的数据，因此必须对连续型指标数据用适当的方法进行离散化处理。

Step 3：基于粗糙集理论的指标筛选。根据指标体系的不同复杂性程度，可以选择不同的筛选方法。当指标个数不太多时，可以利用最朴素的、基于粗糙集等价关系的指标约简方法，也可以构建区分矩阵和区分函数来进行指标筛选；对于拥有大量指标的复杂指标体系来说，可以选择基于属性重要度的指标筛选模型及其启发式算法。

Step 4：基于粗糙集理论的指标权重确定。要得到粗糙集数据挖掘的客观权重，可以采用基于信息量和属性重要度的权重确定模型，以及基于知识粒度和属性重要度的权重确定模型；也可以采用粗糙集理论与其他权重确定法相结合的权重确定方法。

Step 5：基于粗糙集理论的综合评价方法。根据指标权重和指标值，可以采用线性加权法对各个指标进行加权计算，从而对各评价对象得出综合评价结果；也可以与模糊集方法结合，构造隶属函数，求得综合评价结果。

7.1.2　粗糙集应用于综合评价的准备工作

粗糙集将信息系统和决策表作为重要的表达知识的形式。一个信息系统对应着一个关系数据表，一个关系数据表也对应着一个信息系统。信息表达系统的基本成份是研究对象的集合，关于这些对象的知识可通过指定对象的基本特征和它们的特征值来描述。

形式上，四元组 $S = \{U, A, V, f\}$ 是一个信息表达系统，其中

U：对象的非空有限集合，称为论域，表示为 $U = \{x_1, x_2, x_3, \cdots, x_n\}$；

A：属性的非空有限集合；$A = \{a_1, a_2, a_3, \cdots, a_m\}$；

V：属性集合 A 的值域；

f：U 和 A 的信息函数集，$F = \{f_j : j \leqslant m\}$，其中信息函数 $f_j : U \rightarrow V(j \leqslant m)$，$V = \bigcup\limits_{j=1}^{m} V_j$。

信息表达系统的数据以关系表的形式表示，关系表的行对应要研究的对象，列对应对象的属性，对象的信息是通过指定对象的各属性值来表达的。决策表是一类特殊而重要的信息表达系统，多数决策问题都可以用决策表形式来表达。信息系统的决策表可以表述为 $S = \{U, C, D, V, f\}$，其中 C 为条件属性集，D 为决策属性集。信息系统的属性集分解为两类属性，一类是条件属性，另一类称为决策属性。信息系统研究条件属性与决策属性之间的关系，这类决策又是规则的发现。

综合评价的过程可以看作指标体系所构成信息系统的决策过程，可以定义如下：

定义 7.1　综合评价的信息系统决策表可以表述为 $S = \{U, C, D, V, f\}$，其中 U 为评价对象组成的集合，C 为指标集，D 为综合评价结果集，综合评价结果常用等级或对应的分值来描述，或者用对综合评价对象的聚类结果来描述。综合评价决策表实际上就是含有评价指标和评价结果的数据表。

7.1.3　数据离散化处理

粗糙集理论作为一种处理不完备、不精确问题的数学工具，可以有效地处理离散化指标，但是却不能直接处理连续型指标，因此在应用粗糙集方法进行指标筛选之前，必须先对连续型指标进行离散化处理。针对离散化问题，粗糙集理论的研究者提出了多种方法，但如何选择一种合适的方法处理对应的离散化问题，令研究者头疼。因为，指标体系中的指标一般连续型指标和离散型指标都同时存在，而且连续型指标之间的差别也很大；而离散化方法选择的优劣只有在后续运算过程中才可体现出来；同时，当样本改变时，即使是同样的离散化方法，所得到的结果也有较大差异。因此，在数据预处理时，如何将定量属性值进行离散化并转变为定性属性

值，成为知识发现研究中的一个重要课题。

目前文献中常用的离散化方法有等间隔方法、等频率方法、硬 C-均值聚类方法、最大方差法等。王国胤（2001）介绍了多种离散化方法，并指出了这些算法的优缺点。本书对各种离散方法的理论及算法不再详述，选取等间隔法并结合额济纳绿洲的实际进行相关数据离散化，离散分级标准与离散结果分别见表 7-1 和表 7-2。

表 7-1　指标离散化各单个指标的分级标准

指标	极差	差	一般	良	优
年降水量	<20	20~39	39~58	58~77	>77
年蒸发量	>4700	3312~4700	1924~3312	536~1924	<536
狼心山径流	<5	5~6.1	6.1~7.2	7.2~8.3	>8.3
地下水位埋深	>4.1	3.4~4.1	2.7~3.4	2~2.7	<2
绿洲指数	<30	30~32	32~34	34~36	>36
年末耕地面积	<3000	3000~3600	3600~4200	4200~4800	>4800
灌溉面积	<35	35~40	40~45	45~50	>50
当年造林面积	<1500	1500~2000	2000~2500	2500~3000	>3000
草场载畜量（羊）	>8	7~8	6~7	5~6	<5
荒漠化面积	>5.3	4.3~5.3	3.3~4.3	2.3~3.3	<2.3
盐碱化面积	>0.6	0.5~0.6	0.4~0.5	0.3~0.4	<0.3
人均 GDP	<6000	6000~10000	10000~14000	14000~18000	>18000
农牧民人均收入	<2000	2000~3000	3000~4000	4000~5000	>5000
工业生产总值	<8000	8000~18000	18000~28000	28000~38000	>38000
第二产业占 GDP 比例	<32	32~33	33~34	34~35	>35
第三产业占 GDP 比例	<37	37~38	38~39	39~40	>40
绿洲人口密度	>0.145	0.14~0.145	0.135~0.14	0.13~0.135	<0.13
人口自然增长率	>7	6~7	5~6	4~5	<4
每万人拥有专业技术人员	<160	160~280	280~400	400~520	>520
年末牲畜头数	>16	13~16	10~13	7~10	<7
大风日数（风速）	>4	3~4	2~3	1~2	<1
沙尘暴次数	>8	6~8	4~6	2~4	<2
霜冻天数	>170	126~170	82~126	38~82	<38

表 7-2　额济纳绿洲稳定性综合评价指标体系初步框架指标值离散化结果

年份	c_1	c_2	c_3	c_4	c_5	c_6	c_7	c_8	c_9	c_{10}	c_{11}	c_{12}	c_{13}	c_{14}	c_{15}	c_{16}	c_{17}	c_{18}	c_{19}	c_{20}	c_{21}	c_{22}	c_{23}
1990	3	3	2	4	4	1	5	1	1	3	3	1	1	1	1	5	4	1	4	2	2	3	2
1991	3	3	1	4	3	2	5	1	1	3	2	1	1	1	1	2	4	1	4	1	2	2	3

续表

年份	c_1	c_2	c_3	c_4	c_5	c_6	c_7	c_8	c_9	c_{10}	c_{11}	c_{12}	c_{13}	c_{14}	c_{15}	c_{16}	c_{17}	c_{18}	c_{19}	c_{20}	c_{21}	c_{22}	c_{23}
1992	2	3	1	3	3	2	1	1	1	1	3	2	1	1	1	1	4	4	1	2	2	3	2
1993	3	3	2	3	3	1	2	1	1	3	2	1	1	1	1	1	2	1	2	2	3	4	2
1994	4	3	1	3	2	1	4	1	1	2	2	1	1	1	1	3	2	1	2	2	3	2	5
1995	5	3	1	3	2	1	1	1	1	2	1	1	1	1	1	1	2	3	1	2	3	4	3
1996	2	3	2	3	2	1	2	1	1	2	1	1	2	1	1	1	2	2	2	2	3	2	3
1997	3	3	1	3	2	1	1	2	1	2	1	1	2	1	1	1	2	2	2	2	3	3	2
1998	1	3	2	3	2	1	1	3	1	2	2	1	1	3	2	4	2	4	2	2	3	3	1
1999	4	3	1	3	2	1	1	5	1	2	1	2	1	1	1	4	2	3	1	2	3	2	3
2000	2	3	1	3	1	1	1	5	1	1	1	2	1	1	5	2	5	2	2	3	2	2	3
2001	1	2	1	3	1	1	3	1	1	1	3	2	1	4	4	2	1	2	3	2	1	3	3
2002	2	3	1	3	1	3	1	5	2	1	3	3	1	4	5	2	5	2	3	2	4	3	3
2003	2	3	3	3	1	3	1	1	4	3	1	5	2	1	5	4	3	3	4	1	4	2	2
2004	2	2	1	3	2	4	5	5	4	3	3	5	3	5	3	1	5	4	4	3	3	3	3
2005	2	2	3	4	5	5	5	5	4	5	4	5	5	5	1	5	4	4	3	4	5	3	3
2006	2	2	3	3	3	5	5	4	5	4	5	5	5	1	5	4	4	3	4	5	3	3	3
2007	2	3	3	4	4	5	5	5	4	3	5	5	5	1	4	4	5	4	5	4	3	4	3
2008	2	3	3	4	4	5	5	4	3	5	5	5	5	4	1	5	4	3	4	3	3	4	3
2009	2	3	3	4	4	5	5	5	4	5	5	5	5	5	1	4	4	3	4	5	3	3	3
2010	2	3	2	4	4	5	5	5	4	2	5	5	5	5	1	3	4	3	4	3	3	4	3
2011	2	2	2	4	4	5	5	5	5	4	2	2	5	5	5	1	4	3	5	4	3	3	2
2012	2	3	2	4	5	5	5	5	5	4	2	2	5	5	5	5	1	4	2	4	3	3	3

注：$c_1, c_2, \cdots, c_{23}$ 是各指标代码；"5" 代表"优"；"4" 代表"良"；"3" 代表"一般"；"2" 代表"差"；"1" 代表"极差"。

7.2　基于粗糙集的额济纳绿洲稳定性评价指标筛选

7.2.1　基于粗糙集的指标筛选机理

初始指标体系建好后，首先需要对指标的代表性进行检验，尽量减少由于指标间的重叠而影响分析结果的客观性——即指标的筛选。目前，指标筛选的方法主要有数理统计筛选、模糊集（vague）方法筛选以及知识挖掘型的指标筛选三种。其中数理统计筛选方法（如主成分分析法、因子分析法、相关系数法、条件广义最小方差法等）完全依靠统计数据进行客观定量的筛选，忽视了人的主观认识，有时会得到与客观事实相悖的结论；融入专家知识、经验和主观评判的 vague 集筛选方法主客观相结合，可反映评价对象真实状态，拓展了指标的筛选范围，对于具有模糊性、不确定性的主观定性指标，可以有效处理，具有较强的适用性；知识挖掘型的指标筛选方法在模糊集等方法的基础上，能对评价指标信息进行深度挖掘，找出评价指标与评价结论之间规律性的认识，使得筛选结果更合理。知识挖掘型的指标筛选方法主要包括神经网络和粗糙集两种方法，前者需要训练多组评价数据，后者只需少量评价数据就能进行有效挖掘。同时粗糙集方法通过探索指标对粗糙集分类结果的影响和作用，确定指标的约简和重要性，提炼指标与评价结果之间的规律性知识，该方法简洁，逻辑性强而且机理科学。

粗糙集方法筛选指标的机理及优点包括：

（1）粗糙集方法能处理不精确、不确定和不完整的信息，具有较强的鲁棒性和可操作性（Pawlak，1982），其属性约简能力，能从大量数据中求取最小不变集合（核）与约简，可用于从指标体系中去掉冗余指标，提取核心指标。

（2）粗糙集理论的核心目标是对评价对象进行有效的分类，寻找大量数据中所蕴藏的知识，其属性约简能力保证在去除冗余指标后，并不影响原有的分类效果。同时，粗糙集理论还能在保持指标体系对评价对象的区分能力和关键指标完整的前提下，剔除掉冗余指标（丁雷等，2008），发现规律性知识。

（3）粗糙集方法能从初建指标体系中寻找出完全确定评价结果的最简指标集，并得出指标间相互依赖的关系，对不同类型的指标进行区分。如：绝对必要的指标保留，绝对不必要的指标删除，相对必要的指标，只有与其他指标联合才能确定评价结论等。

7.2.2　粗糙集指标筛选模型

粗糙集的决策系统中一般都存在条件属性和决策属性，它们分别对论域形成不同的分类，决策系统的约简就是要从条件属性中找到部分必要的条件属性，使得根据这部分条件属性形成的相对于决策属性的分类和所有条件属性相对于决策属性有相同的分类能力。对于综合评价决策系统，就是存在根据不同指标集对评价对象形成不同的评语或评分结果，其约简就是从指标集中找出部分必要指标，使得根据这部分必要指标形成的评价对象的评语和评分结果与原先根据全部指标所形成的评价结果完全一致，从而实现在不丢失指标信息前提下有效筛选指标。目前，粗糙集指标筛选模型有基于等价关系的粗糙集筛选模型、基于区分矩阵的粗糙集筛选模型、基于属性重要度的粗糙集筛选模型以及拓展了的粗糙集筛选模型等，但基于等价关系的粗糙集指标体系筛选模型是最基本的约简模型。本书将采用这种模型，该模型通过逐个去掉指标体系中的指标，考察去掉该指标以后的指标体系对评价对象的分类结果（评价等级或评分结果）是否改变，如果没有改变，则该指标可以从指标体系中剔除，因此就去掉了所有不影响评价结果的指标，即冗余指标。其模型及相关定义如下：

定义 7.2　根据指标体系的每一个指标，可以对评价对象进行一种划分，将评价对象划分为多个等价类，可以得到一个等价关系；根据多个指标所构成的指标集，也可以得到一个等价关系。因此，对于指标体系的任一指标子集 R，我们都可以定义一个等价关系（不可分辨关系）：

$$\mathrm{IND}(R), \quad \forall R \subseteq C, \forall t \in R,(x_i, x_j) \in U \times U$$

有

$$t(x_i) = t(x_j)$$

$$\mathrm{IND}(R) = \left\{(x_i, x_j) \in U \times U, \forall t \in R,(t(x_i) = t(x_j))\right\} \tag{7-1}$$

式中，$\mathrm{IND}(R)$ 即代表对应着指标集 R 的等价关系。$\mathrm{IND}(R) = \bigcap_{t \in R} \mathrm{IND}(\{t\})$，也就是说，对于 $\forall t \in R$，等价关系 $\mathrm{IND}(R)$ 为所有其子集的等价关系的交集。假定 R 是一个等价关系族，$\forall r \in R$，如果 $\mathrm{IND}(R) = \mathrm{IND}(R - \{r\})$，则称 r 在 R 中是可被约去的关系，即冗余指标；否则 r 在 R 中是绝对必要的。

另外，还可以这样表示该模型：设 U 为一个论域，P 和 Q 为定义在 U 上的两个等价关系族，Q 的 P 正域记为 $\mathrm{POS}_P(Q) = \bigcup_{r \in U/Q} P\_(X)$。若 $\mathrm{POS}_P(Q) = \mathrm{POS}_{(P/\{r\})}(Q)$，则称 r 为 P 中相对于 Q 可省略，即为冗余指标；否则称 r 为 P 中相对于 Q 不可省略。

根据以上定义，基于粗糙集等价关系的粗糙集指标筛选模型可以描述为：

Step1：对指标体系 $C = \{c_i\}(i = 1, 2, 3, \cdots, m)$，求 $\mathrm{IND}(C)$ 和 $\mathrm{POS}_C(D)$；

Step2：对 $i = 1, 2, 3, \cdots, m$，依次求 $\mathrm{IND}(C - \{c_i\})$ 和 $\mathrm{POS}_{C-\{c_i\}}(D)$；

Step3：如果 $\mathrm{POS}_{C-\{c_i\}}(D) = \mathrm{POS}_C(D)$，则 c_i 为指标体系 C 中可以剔除的冗余指标；否则，c_i 为指标体系中不可剔除的必要指标。

7.2.3　粗糙集理论下的额济纳绿洲稳定性综合评价体系筛选过程

1. 对自然资源环境子系统下的水资源类指标进行筛选

在水资源类指标构成的知识表达系统中（表 7-3），论域 U 为所有研究对象的集合，条件属性 $C = \{c_1, c_2, c_3, c_4\}$，决策属性用绿洲指数代替，即 $D = c_5 = \{d\}$。

按 d，U 被划分为：$U/d = \{\{1,18,19,20,21\}, \{2,3,4,17\}, \{11,12,13,14\}, \{5,6,7,8,9,10,15,16\}, \{22,23\}\}$。

按 C，U 被划分为：$U/C = \{\{5,10\}, \{18,19\}, \{14,17\}, \{3,11,13\}, \{21,23\}, 12,9,15,22,7,16,20,8,2,4,1,6\}$。

依据粗糙集理论，正域 $\mathrm{POS}_C(d) = \{5,10,18,19,12,9,15,22,7,16,20,8,2,4,1,6\}$。

按 c_2, c_3, c_4，U 被划分为：$U/C - \{c_1\} = \{\{12,15\}, \{14,17\}, \{3,5,6,8,10,11,13\}, \{4,7,9\}, \{18,19\}, \{1,21,23\}, 22,2,16,20\}$ 有 $\mathrm{POS}_{C-\{c_1\}}(d) = \{18,19,22,2,16,20\} \neq \mathrm{POS}_C(d)$，故指标 c_1 不能删除，其属于非冗余指标。

同理：按按 c_1, c_3, c_4，U 被划分为：$U/C - \{c_2\} = \{\{3,11,13,15\}, \{14,17,20\}, \{7,22\}, \{18,19\}, \{5,10\}, \{21,23\}, 12,9,16,8,2,4,1,6\}$ 有 $\mathrm{POS}_{C-\{c_2\}}(d) = \{18,19,5,10,12,9,16,8,2,4,1,6\} \neq \mathrm{POS}_C(d)$，故指标 c_2 也不能删除，也属于非冗余指标；

按 c_1, c_2, c_4，U 被划分为：$U/C - \{c_3\} = \{\{14,15,17,22\}, \{3,7,11,13,20\}, \{18,19,21,23\}, \{4,8\}, \{1,2\}, \{5,10\}, 12,9,16,6\}$ 有 $\mathrm{POS}_{C-\{c_3\}}(d) = \{5,10,12,9,16,6\} \neq \mathrm{POS}_C(d)$，故指标 c_3 也不能删除，也属于非冗余指标；

按 c_1, c_2, c_3，U 被划分为：$U/C - \{c_4\} = \{\{14,17\}, \{3,11,13\}, \{7,16,21,23\}, \{18,19,20\}, \{2,8\}, \{1,4\}, \{5,10\}, 12,9,15,22,6\}$ 有 $\mathrm{POS}_{C-\{c_4\}}(d) = \{18,19,20,5,10,12,9,15,22,6\} \neq \mathrm{POS}_C(d)$，故指标 c_4 也不能删除，也属于非冗余指标。

表 7-3　自然资源环境子系统水资源类指标离散化数据

年份	c_1	c_2	c_3	c_4	d
1990	3	3	2	4	4
1991	3	3	1	4	3
1992	2	3	1	3	3
1993	3	3	2	3	3
1994	4	3	1	3	2
1995	5	3	1	3	2
1996	2	3	2	3	2
1997	3	3	1	3	2
1998	1	3	2	3	2
1999	4	3	1	3	2
2000	2	3	1	3	1
2001	1	2	1	3	1

续表

年份	c_1	c_2	c_3	c_4	d
2002	2	3	1	3	1
2003	2	2	3	3	1
2004	2	2	1	3	2
2005	2	3	2	5	2
2006	2	2	3	3	3
2007	2	3	3	4	4
2008	2	3	3	4	4
2009	2	3	3	3	4
2010	2	3	2	4	4
2011	2	2	2	3	5
2012	2	3	2	4	5

2. 对自然资源环境子系统下的植被与土壤类指标进行筛选

在土壤与植被类指标构成的知识表达系统中（表 7-4），论域 U 为所有研究对象的集合，条件属性 $C = \{c_6, c_7, c_8, c_9, c_{10}, c_{11}\}$，决策属性为 $D = \{d\}$。

按 d，U 被划分为：$U/d = \{\{1,18,19,20,21\},\{2,3,4,17\},\{11,12,13,14\},\{5,6,7,8,9,10,15,16\},\{22,23\}\}$。

按 C，U 被划分为：$U/C = \{\{20,21,22,23\},1,2,3,4,5,6,7,8,9,10,11,12,13,14,15,16,17,18,19\}$。

依据粗糙集理论，正域 $\text{POS}_C(d) = \{1,2,3,4,5,6,7,8,9,10,11,12,13,14,15,16,17,18,19\}$。

按 $c_7, c_8, c_9, c_{10}, c_{11}$，$U$ 被划分为：$U/C - \{c_6\} = \{\{20,21,22,23\},1,2,3,4,5,6,7,8,9,10,11,12,13,14,15,16,17,18,19\}$

有 $\text{POS}_{C-\{c_6\}}(d) = \{1,2,3,4,5,6,7,8,9,10,11,12,13,14,15,16,17,18,19\} = \text{POS}_C(d)$，故指标 c_6 为冗余指标，删除不影响分类。

按 $c_6, c_8, c_9, c_{10}, c_{11}$，$U$ 被划分为：$U/C - \{c_7\} = \{\{2,3\},\{6,7\},\{17,20,21,22,23\},1,4,5,8,9,10,11,12,13,14,15,16,18,19\}$

有 $\text{POS}_{C-\{c_7\}}(d) = \{2,3,6,7,4,5,1,8,9,10,11,12,13,14,15,16,18,19\} \neq \text{POS}_C(d)$，故指标 c_7 为非冗余指标，不能删除。

按 $c_6, c_7, c_9, c_{10}, c_{11}$，$U$ 被划分为：$U/C - \{c_8\} = \{\{16,20,21,22,23\},\{11,12\},\{6,8,9,10\},1,2,3,4,5,7,13,14,15,17,18,19\}$

有 $\mathrm{POS}_{C-\{c_8\}}(d)=\{6,8,9,10,11,12,1,2,3,4,5,7,13,14,15,17,18,19\}\neq\mathrm{POS}_C(d)$，故指标 c_8 也为非冗余指标，不能删除。

按 $c_6,c_7,c_8,c_{10},c_{11}$，$U$ 被划分为：$U/C-\{c_9\}=\{\{20,21,22,23\},1,2,3,4,5,6,7,8,9,10,11,12,13,14,15,16,17,18,19\}$

有 $\mathrm{POS}_{C-\{c_9\}}(d)=\{1,2,3,4,5,6,7,8,9,10,11,12,13,14,15,16,17,18,19\}=\mathrm{POS}_C(d)$，故指标 c_9 也为冗余指标，删除不影响分类。

按 c_6,c_7,c_8,c_9,c_{11}，U 被划分为：$U/C-\{c_{10}\}=\{\{20,21,22,23\},\{9,12\},\{10,11\},\{18,19\},1,2,3,4,5,6,7,8,13,14,15,16,17\}$ 有 $\mathrm{POS}_{C-\{c_{10}\}}(d)=\{1,2,3,4,5,6,7,8,13,14,15,16,17,18,19\}\neq\mathrm{POS}_C(d)$，故指标 c_{10} 也为非冗余指标，不能删除。

按 c_6,c_7,c_8,c_9,c_{10}，U 被划分为：$U/C-\{c_{11}\}=\{\{18,20,21,22,23\},1,2,3,4,5,6,7,8,9,10,11,12,13,14,15,16,17,19\}$

有 $\mathrm{POS}_{C-\{c_{11}\}}(d)=\{1,2,3,4,5,6,7,8,9,10,11,12,13,14,15,16,17,19\}\neq\mathrm{POS}_C(d)$，故指标 c_{11} 为非冗余指标，不能删除。

表 7-4　自然资源环境子系统植被与土壤类指标离散化数据

年份	c_6	c_7	c_8	c_9	c_{10}	c_{11}	d
1990	1	5	1	1	3	3	4
1991	2	5	1	1	3	2	3
1992	2	1	1	1	3	2	3
1993	1	2	1	1	3	2	3
1994	1	4	1	1	2	2	2
1995	1	1	1	1	2	1	2
1996	1	2	1	1	2	1	2
1997	1	1	2	1	2	1	2
1998	1	1	3	1	2	1	2
1999	1	1	5	1	2	1	2
2000	1	1	5	1	1	1	1
2001	1	1	3	1	1	1	1
2002	3	1	5	2	1	1	1
2003	4	1	3	3	1	1	1
2004	4	5	5	4	1	2	2
2005	5	5	3	4	2	2	2
2006	5	3	5	4	2	2	3
2007	5	5	5	4	2	3	4
2008	5	5	5	4	3	3	4

续表

年份	c_6	c_7	c_8	c_9	c_{10}	c_{11}	d
2009	5	5	5	4	2	2	4
2010	5	5	5	4	2	2	4
2011	5	5	5	4	2	2	5
2012	5	5	5	4	2	2	5

3. 对社会经济子系统下的经济类指标筛选

我们删除了 c_{12}、c_{15}，保留了 c_{13}、c_{14}、c_{16}，将社会经济子系统经济类指标离散化数据表示为表 7-5。

表 7-5　社会经济子系统经济类指标离散化数据

年份	c_{12}	c_{13}	c_{14}	c_{15}	c_{16}	d
1990	1	1	1	1	5	4
1991	1	1	1	1	2	3
1992	1	1	1	1	4	3
1993	1	1	1	1	1	3
1994	1	1	1	1	3	2
1995	1	1	1	1	1	2
1996	1	2	1	1	1	2
1997	1	2	1	1	1	2
1998	2	2	1	1	3	2
1999	2	2	1	1	4	2
2000	2	2	1	1	5	1
2001	3	2	1	4	4	1
2002	3	3	1	4	5	1
2003	4	3	1	5	2	1
2004	5	3	3	5	3	2
2005	5	4	4	5	5	2
2006	5	4	5	5	5	3
2007	5	5	5	5	5	4
2008	5	5	5	5	4	4

续表

年份	c_{12}	c_{13}	c_{14}	c_{15}	c_{16}	d
2009	5	5	5	5	5	4
2010	5	5	5	5	5	4
2011	5	5	5	5	5	5
2012	5	5	5	5	5	5

4. 对社会经济子系统下的社会类指标筛选

c_{17}、c_{18}、c_{19}、c_{20} 都不能删除，将社会经济子系统社会类指标离散化数据表示为表 7-6。

表 7-6　社会经济子系统社会类指标离散化数据

年份	c_{17}	c_{18}	c_{19}	c_{20}	d
1990	4	1	4	2	4
1991	4	1	4	1	3
1992	4	1	2	2	3
1993	2	1	2	2	3
1994	2	1	2	2	2
1995	2	3	1	2	2
1996	2	1	2	2	2
1997	2	2	2	2	2
1998	2	4	2	2	2
1999	2	3	1	2	2
2000	2	5	2	2	1
2001	2	1	2	3	1
2002	2	5	2	3	1
2003	1	5	4	3	1
2004	1	5	4	4	2
2005	1	5	5	4	2
2006	1	5	4	4	3
2007	1	4	4	5	4
2008	1	5	3	5	4
2009	1	4	3	5	4
2010	1	3	3	4	4
2011	1	4	3	5	5
2012	1	4	2	4	5

5. 对自然灾害子系统下的自然灾害类指标筛选

我们删除了 c_{21}，保留了 c_{22} 与 c_{23}，将自然灾害子系统指标参数化数据表示为表 7-7。

表 7-7　自然灾害子系统指标离散化数据

年份	c_{21}	c_{22}	c_{23}	d
1990	2	3	2	4
1991	2	2	3	3
1992	3	1	2	3
1993	3	4	2	3
1994	3	2	5	2
1995	3	4	3	2
1996	3	2	3	2
1997	3	3	2	2
1998	3	3	1	2
1999	3	2	3	2
2000	2	3	2	1
2001	2	1	3	1
2002	2	4	3	1
2003	3	4	2	1
2004	3	3	3	2
2005	3	4	3	2
2006	3	4	3	3
2007	3	4	3	4
2008	3	4	3	4
2009	3	3	3	4
2010	3	4	3	4
2011	3	4	2	5
2012	3	3	3	5

7.2.4　额济纳绿洲稳定性综合评价最终指标体系

依据前面的筛选，得到约简后的额济纳绿洲稳定性综合评价的指标体系，如表 7-8 所示。

表 7-8　额济纳绿洲系统稳定性综合评价最终指标体系

系统层	子系统层	指标类别	指标层	
			代码	指标
额济纳绿洲系统稳定性综合评价	自然资源环境子系统	水资源类	c_1	年降水量（+）
			c_2	年蒸发量（−）
			c_3	狼心山径流（+）
			c_4	地下水水位埋深（+）
		植被与土壤类	c_7	灌溉面积（+）
			c_8	当年造林面积（+）
			c_{10}	荒漠化面积（−）
			c_{11}	盐渍化面积（−）
	社会经济子系统	经济类	c_{13}	农牧民人均收入（+）
			c_{14}	工业生产总值（+）
			c_{16}	第三产业占 GDP 比例（+）
		社会类	c_{17}	绿洲人口密度（−）
			c_{18}	人口自然增长率（−）
			c_{19}	每万人在校大学生人数（+）
			c_{20}	牲畜年末头数（−）
	自然灾害子系统	自然灾害类	c_{22}	沙尘暴次数（−）
			c_{23}	霜冻天数（−）

注：指标说明同前表。

7.3　基于粗糙集理论的绿洲稳定性指标权重确定

7.3.1　粗糙集和灰色关联理论相结合的组合赋权模型

指标权重体现出该指标在指标体系中的价值和评价者对该指标重要性的认识，它直接影响到综合评价的结果。指标体系中各指标权重的确定合理与否，直接关系到评价结果的客观性、公平性、合理性。目前指标权重的确定主要有主观赋权法、客观赋权法以及组合赋权法三种。主观赋权法（如 Delphi 法、AHP 法、相邻指标比较法等）以人的主观判断作为赋权的基础，过于依赖专家的主观判断，具有较强的主观性和随意性，在一定程度上影响了评价结果的有效性。客观赋权法（均方差法、主成分分析法、离差最大化法、熵值法等）没有考虑综合评价中人的因素，过分强调从数据中挖掘指标的重要度信息，很可能违背指标的实际意义，以致指标权重不能完全体现各指标自身的实际意义和在指标体系中的重要性；同时，样本的变化会带来权重的变化，致使结果具有不稳定性。组合赋权法能将主客观赋权法相结合，主观赋权法体现指标的价值量，客观赋权法体现指标的信息量，结合后二者的特点兼而有之，避免了单纯的主观或客观赋权法所产生的结果的片面性。在组合赋权法中神经网络赋权法与粗糙集组合赋权法优势比较明显，神经网络赋权法能再现评价专家的经验、知识和直觉思维，降低评价过程中人为因素的影响，但其需要大量的训练样本，且输出结果解释能力差，而粗糙集赋权法将权重问题转化为粗糙集的属性重要性评价问题，在数据驱动下通过对参评对象的支持度和重要性分析来计算权重值。其机理如下：首先将评价问题表达成决策表形式，而后通过从属性表中去掉一个属性后系统分类情况发生变化来确定该属性的重要性，若去掉该属性相应分类变化比较大，则说明该属性的重要性高；反之，说明属性的重要性低。由机理可以看出粗糙集确定的权重完全由数据决定，是纯粹的定量计算，实际应用时一般采用粗糙集组合赋权法。

7.3.2　粗糙集理论客观定权

1. 粗糙集相关定义

定义 7.3　设 $U \neq \varnothing$ 是研究对象组成的有限集合，称论域，任何子集 $X \subseteq U$，称为 U 中的一个概念或范畴，设 R 是 U 上的一个等价关系，U/R 表示 R 的所有等价类（或者 U 上的分类）构成的集合，$[X]_R$ 表示包含元素 $x \in U$ 的 R 等价类。一个知识库就是一个关系系统 $K = (U, R)$，其中 U 为论域，R 是 U 上的一簇等价关系。

定义 7.4　可以用上、下两个近似来近似定义粗糙集。给定知识库 $K = (U, R)$，对于每个子集 $X \subseteq U$ 和一个等价关系 $R \in \mathrm{IND}(K)$，定义两个子集：

$$R\_X = U\{Y \in U/R | Y \subseteq X\} \tag{7-2}$$

$$R^-X = U\{Y \in U/R | Y \cap X \neq \varnothing\} \tag{7-3}$$

分别称它们为 X 的 R 下近似集和 R 上近似集。其中 $\mathrm{POS}_R(X) = R\_X$ 称为 X 的 R 正域；$\mathrm{NEG}_R(X) = U - U^-R$ 称为 X 的 R 负域。

定义 7.5　知识依赖度对于近似空间 $K = (U, R)$，且 P，$Q \subseteq R$；当 $\mathrm{IND}(P)$，$\mathrm{IND}(Q)$，知识 Q 依赖于知识 P，知识 Q 对 P 的依赖度定义如下：

$$k = rp(Q) = \mathrm{Card}(\mathrm{POS}_P(Q)) / \mathrm{Card}(U) \tag{7-4}$$

其中，Card 表示集合的基数，k 的取值在[0，1]的区间内，k 值越大则对指标的依赖度越小。

2. 粗糙集客观定权

研究对象 $U = \{X, U_i, e, f\}$ 中，评价指标 U_i，$i = 1, 2, 3, \cdots$ 作为条件属性包含于每个 X 子集中，由于 U_i 对于决策属性 e 取值影响的程度不同，故赋予它们不同的权重，利用粗糙集中属性的重要程度定义客观权重为

$$P_i = \mathrm{POS}_{ui}(U_i) \Big/ \sum_{i=1}^{n} \mathrm{POS}_{ui}(U_i) \tag{7-5}$$

式中，$\mathrm{POS}_{ui}(U_i)$ 代表第 i 个指标对评价绿洲生态稳定性的重要度，其计算式如下：

$$\mathrm{POS}U_i = r_C(D) - r_{C-i}(D) \tag{7-6}$$

其中，$r_C(D)$ 表示整个子集对论域的依赖度，而 $r_{C-i}(D)$ 表示去掉第 i 个指标后所得子集对论域的依赖值。在绿洲生态稳定性评价中，由于事先不知道评价结果，所以用下式计算：

$$\mathrm{POS}U_i = r_C(D) - r_{C-i}(D) = 1 - r_{C-i}(D) \tag{7-7}$$

7.3.3　灰色关联理论确定权重

通过灰色关联分析，得出各指标因子的关联度（模型参见第 5 章），而后归一化处理得出各评价因子的灰色关联权重值 β。

7.3.4　综合权重的确定

P_i（$i = 1, 2, \cdots, n$）为第 i 个指标在粗糙集理论下的客观权重，β_i（$i = 1, 2, \cdots, n$）为第 i 个指标在灰色关联度理论下的客观权重，定义第 i 个指标的综合权重值 W_i 为（其中，η 为调整参数）

$$W_i = \eta \beta_i + (1 - \eta) P_i \tag{7-8}$$

7.3.5　额济纳绿洲稳定性评价指标体系权重

1. 水资源类指标的权重

由前面的计算可知，在水资源类指标的知识表达系统中正域，$\mathrm{POS}_C(d) = \{5, 10,$

$18,19,12,9,15,22,7,16,20,8,2,4,1,6\}$，$POS_{C-\{c_1\}}(d)=\{18,19,22,12,16,20\}$，故 $k_1=\dfrac{6}{16}$，

指标 c_1 的重要度为 $1-\dfrac{6}{16}=\dfrac{10}{16}$。而 $POS_{C-\{c_2\}}(d)=\{18,19,5,10,12,9,16,8,2,4,1,6\}$，

$k_2=\dfrac{12}{16}$，指标 c_2 的重要度为 $1-\dfrac{12}{16}=\dfrac{4}{16}$；$POS_{C-\{c_3\}}(d)=\{5,10,12,9,16,6\}$，$k_3=\dfrac{6}{16}$，

指标 c_3 的重要度为 $1-\dfrac{6}{16}=\dfrac{10}{16}$；$POS_{C-\{c_4\}}(d)=\{18,19,20,5,10,12,9,15,22,6\}$，$k_4=\dfrac{10}{16}$，

指标 c_4 的重要度为 $1-\dfrac{10}{16}=\dfrac{6}{16}$；而水资源类指标对自然资源环境子系统的重要度为

$\dfrac{16}{23}$。故此水资源类指标对绿洲稳定性系统的重要度依此为 $p_1=\dfrac{16}{23}\times\dfrac{10}{16}=0.4348$；

$p_2=0.1739$；$p_3=0.4348$；$p_4=0.2609$。

2. 土壤与植被类指标权重

同理，$p_7=0.0435$；$p_8=0.0435$；$p_{10}=0.1739$；$p_{11}=0.0435$

3. 经济类指标权重

同理，$p_{13}=0.1304$；$p_{14}=0.0870$；$p_{16}=0.3478$

4. 社会类指标权重

同理，$p_{17}=0.0435$；$p_{18}=0.1739$；$p_{19}=0.1739$；$p_{20}=0.1739$

5. 自然灾害类指标权重

同理，$p_{22}=0.3044$；$p_{23}=0.2174$

7.4 基于粗糙集理论的额济纳绿洲稳定性评价

应用 Matlab 计算出粗糙集理论下的权重与绿洲稳定性 OSI 值，结果如表 7-9 与表 7-10 所示。从表 7-9、表 7-10、图 7-2 和图 7-3 中可以看出，在粗糙集理论下，额济纳绿洲稳定性评价指标中权重最大的是年降水量与狼心山径流；其次为第三产业比例与沙尘暴次数；最小的是工业生产总值。而绿洲稳定性 OSI 值最大的是 1990 年，其次为 2011 年、2012 年，1991 年、2009 年与 2010 年；最小的 2005 年，其次为 2000 年、1997 年、2002 年与 2001 年。粗糙集约简后的额济纳绿洲稳定性评价指标标准化值如表 7-11 所示。

表 7-9　粗糙集理论下额济纳绿洲评价指标权重

指标代码	权重
c_1	0.1333
c_2	0.0533
c_3	0.1333
c_4	0.0800
c_7	0.0133
c_8	0.0133
c_{10}	0.0533
c_{11}	0.0133
c_{13}	0.0400
c_{14}	0.0267
c_{16}	0.1067
c_{17}	0.0133
c_{18}	0.0533
c_{19}	0.0533
c_{20}	0.0533
c_{22}	0.0934
c_{23}	0.0667

表 7-10　粗糙集理论下额济纳绿洲稳定性 OSI 值

年份	OSI
1990	0.0513
1991	0.0474
1992	0.0422
1993	0.0423
1994	0.0432
1995	0.0424
1996	0.0408
1997	0.0396
1998	0.0411
1999	0.0456
2000	0.0393
2001	0.0407
2002	0.0403
2003	0.0437
2004	0.0415
2005	0.0378
2006	0.0459
2007	0.0444
2008	0.0418
2009	0.0473
2010	0.0447
2011	0.0487
2012	0.0481

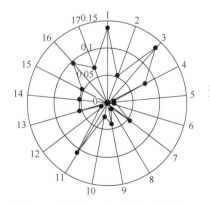

图 7-2　粗糙集理论下额济纳绿洲评价指标权重雷达图

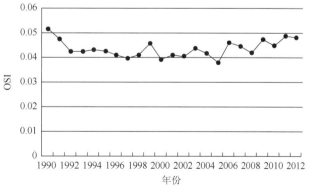

图 7-3　粗糙集理论下额济纳绿洲稳定性 OSI 值

表 7-11 粗糙集约简后的额济纳绿洲稳定性评价指标标准化值

年份	c_1	c_2	c_3	c_4	c_7	c_8	c_{10}	c_{11}	c_{13}	c_{14}	c_{16}	c_{17}	c_{18}	c_{19}	c_{20}	c_{22}	c_{23}
1990	0.0550	0.0435	0.0548	0.0354	0.0701	0.0144	0.0298	0.0278	0.0129	0.0021	0.0480	0.0395	0.1195	0.0674	0.0609	0.0526	0.0608
1991	0.0579	0.0419	0.0263	0.0404	0.0493	0.0079	0.0333	0.0307	0.0109	0.0025	0.0413	0.0395	0.1322	0.0598	0.0622	0.0632	0.0429
1992	0.0354	0.0417	0.0172	0.0468	0.0225	0.0111	0.0351	0.0329	0.0136	0.0024	0.0435	0.0395	0.0754	0.0397	0.0608	0.0842	0.0517
1993	0.0558	0.0416	0.0487	0.0437	0.0339	0.0099	0.0365	0.0358	0.0149	0.0028	0.0379	0.0426	0.0580	0.0299	0.0567	0.0316	0.0555
1994	0.0681	0.0429	0.0251	0.0442	0.0446	0.0103	0.0382	0.0373	0.0171	0.0025	0.0424	0.0426	0.0684	0.0269	0.0540	0.0737	0.0144
1995	0.0888	0.0416	0.0358	0.0463	0.0330	0.0148	0.0394	0.0402	0.0188	0.0030	0.0335	0.0426	0.0418	0.0256	0.0534	0.0316	0.0342
1996	0.0256	0.0416	0.0473	0.0431	0.0341	0.0123	0.0417	0.0424	0.0209	0.0036	0.0390	0.0426	0.0578	0.0268	0.0537	0.0737	0.0315
1997	0.0555	0.0436	0.0199	0.0455	0.0302	0.0210	0.0421	0.0453	0.0231	0.0046	0.0379	0.0426	0.0497	0.0282	0.0526	0.0421	0.0532
1998	0.0206	0.0456	0.0493	0.0458	0.0254	0.0244	0.0442	0.0490	0.0254	0.0056	0.0424	0.0426	0.0398	0.0269	0.0516	0.0526	0.0688
1999	0.0796	0.0431	0.0303	0.0436	0.0282	0.0491	0.0464	0.0519	0.0273	0.0093	0.0435	0.0426	0.0400	0.0222	0.0534	0.0632	0.0350
2000	0.0309	0.0438	0.0266	0.0460	0.0313	0.0403	0.0473	0.0548	0.0289	0.0097	0.0446	0.0426	0.0315	0.0269	0.0536	0.0526	0.0570
2001	0.0215	0.0468	0.0205	0.0479	0.0246	0.0257	0.0508	0.0570	0.0308	0.0105	0.0435	0.0426	0.0639	0.0320	0.0492	0.0842	0.0342
2002	0.0354	0.0305	0.0456	0.0484	0.0220	0.1024	0.0528	0.0585	0.0317	0.0101	0.0457	0.0426	0.0317	0.0408	0.0452	0.0316	0.0380
2003	0.0401	0.0514	0.0675	0.0457	0.0253	0.0244	0.0508	0.0548	0.0350	0.0081	0.0415	0.0441	0.0125	0.0557	0.0420	0.0316	0.0509
2004	0.0356	0.0661	0.0370	0.0431	0.0527	0.0904	0.0491	0.0490	0.0403	0.0414	0.0429	0.0444	0.0147	0.0581	0.0328	0.0421	0.0334
2005	0.0312	0.0324	0.0460	0.0319	0.0651	0.0244	0.0473	0.0446	0.0464	0.0592	0.0454	0.0447	-0.0033	0.0691	0.0307	0.0211	0.0433
2006	0.0415	0.0468	0.0578	0.0439	0.0386	0.0946	0.0462	0.0424	0.0522	0.0802	0.0480	0.0453	0.0263	0.0661	0.0280	0.0316	0.0380
2007	0.0319	0.0448	0.0610	0.0426	0.0652	0.0447	0.0457	0.0424	0.0605	0.0996	0.0482	0.0456	0.0371	0.0602	0.0247	0.0211	0.0361
2008	0.0376	0.0412	0.0657	0.0426	0.0546	0.0776	0.0454	0.0417	0.0741	0.1054	0.0438	0.0456	-0.0406	0.0485	0.0269	0.0211	0.0414
2009	0.0392	0.0435	0.0639	0.0433	0.0585	0.0960	0.0450	0.0409	0.0818	0.1129	0.0470	0.0465	0.0336	0.0498	0.0267	0.0211	0.0456
2010	0.0340	0.0366	0.0454	0.0430	0.0556	0.0573	0.0448	0.0409	0.0957	0.1208	0.0453	0.0462	0.0439	0.0475	0.0273	0.0316	0.0376
2011	0.0416	0.0476	0.0547	0.0436	0.0690	0.0707	0.0443	0.0402	0.1105	0.1475	0.0460	0.0468	0.0335	0.0469	0.0265	0.0211	0.0524
2012	0.0372	0.0413	0.0535	0.0441	0.0661	0.0759	0.0439	0.0395	0.1270	0.1563	0.0489	0.0468	0.0326	0.0449	0.0270	0.0211	0.0441

7.5 粗糙集约简后的灰色关联分析法额济纳绿洲稳定性评价

应用 Matlab 和 Spss 7.0 计算出粗糙集理论约简后灰色关联分析下的额济纳绿洲稳定性评价指标体系下的指标权重与绿洲稳定性 OSI 值，结果如表 7-12 与表 7-13 所示。从表 7-12、表 7-13、图 7-4 和图 7-5 中可以看出，在粗糙集理论约简后的灰色关联分析下，额济纳绿洲稳定性评价指标中权重最大的是绿洲人口密度；其次为第三产业比例与地下水位埋深；最小的是工业生产总值。而绿洲稳定性 OSI 值最大的是 2011 年，其次为 2012 年、2009 年与 2010 年；最小的是 1995 年，其次为 1996 年、1997 年与 1993 年。

表 7-12 粗糙集约简后灰色关联分析下的额济纳绿洲评价指标权重

指标代码	权重
c_1	0.0581
c_2	0.0667
c_3	0.0581
c_4	0.0682
c_7	0.0565
c_8	0.0487
c_{10}	0.0659
c_{11}	0.0640
c_{13}	0.0506
c_{14}	0.0408
c_{16}	0.0676
c_{17}	0.0687
c_{18}	0.0534
c_{19}	0.0580
c_{20}	0.0585
c_{22}	0.0546
c_{23}	0.0616

表 7-13 粗糙集约简后灰色关联分析下的额济纳绿洲稳定性 OSI 值

年份	OSI
1990	0.0473
1991	0.0442
1992	0.0394
1993	0.0386
1994	0.0393
1995	0.0379
1996	0.0385
1997	0.0386
1998	0.0400
1999	0.0424
2000	0.0403
2001	0.0412
2002	0.0423
2003	0.0414
2004	0.0454
2005	0.0400
2006	0.0476
2007	0.0467
2008	0.0442
2009	0.0507
2010	0.0482
2011	0.0530
2012	0.0529

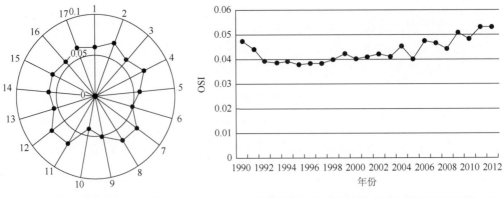

图 7-4　粗糙集约简后灰色关联分析　　　图 7-5　粗糙集约简后灰色关联分析下的额济纳绿洲稳定性
下的额济纳绿洲评价指标权重　　　　　　　　　　　　OSI 值图
雷达图

7.6　粗糙集与灰色关联分析结合的额济纳绿洲稳定性评价

应用 Matlab 和 Spss 7.0 计算出粗糙集与灰色关联分析结合的额济纳绿洲稳定性评价指标体系下的指标权重与绿洲稳定性 OSI 值，结果如表 7-14 与表 7-15 所示。从表 7-14、表 7-15、图 7-6 和图 7-7 中可以看出，在粗糙集与灰色关联分析结合下，额济纳绿洲稳定性评价指标中权重最大的是狼心山径流与年降水量；其次为第三产业比例、地下水位埋深、沙尘暴次数与霜冻天数；最小的是当年造林面积。而绿洲稳定性 OSI 值最大的是 2011 年，其次为 2012 年、1990 年、2009 年与 2010 年；最小的是 2005 年，其次为 1997 年、1996 年与 2000 年。

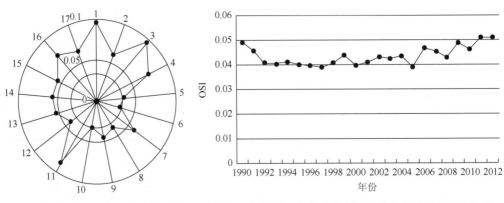

图 7-6　粗糙集与灰色关联分析结合　　　图 7-7　粗糙集与灰色关联分析结合的额济纳绿洲稳定性
的额济纳绿洲指标权重　　　　　　　　　　　　　　OSI 值图
雷达图

表 7-14　粗糙集与灰色关联分析结合的额
济纳绿洲评价指标权重

指标代码	权重
c_1	0.0957
c_2	0.0600
c_3	0.0957
c_4	0.0741
c_7	0.0349
c_8	0.0310
c_{10}	0.0596
c_{11}	0.0387
c_{13}	0.0453
c_{14}	0.0338
c_{16}	0.0872
c_{17}	0.0410
c_{18}	0.0534
c_{19}	0.0557
c_{20}	0.0559
c_{22}	0.0740
c_{23}	0.0641

表 7-15　粗糙集与灰色关联分析结合的额济纳
绿洲稳定性 OSI 值

年份	OSI
1990	0.0493
1991	0.0458
1992	0.0408
1993	0.0404
1994	0.0412
1995	0.0402
1996	0.0396
1997	0.0391
1998	0.0406
1999	0.0440
2000	0.0398
2001	0.0409
2002	0.0431
2003	0.0426
2004	0.0435
2005	0.0389
2006	0.0468
2007	0.0455
2008	0.0430
2009	0.0490
2010	0.0465
2011	0.0508
2012	0.0505

7.7　绿洲稳定性评价方法的比较

7.7.1　众数理论

众数理论在综合评价中的应用，主要体现在两个方面：第一，为实施保类原则建立起一个类参照系。如果说序号总和理论是保序性原则的理论基础，通过序号总和排序逼近真正排序，建立起一个位序的参照系，那么，众数理论就是保类性原则的理论基础，通过众数确定对象所属类别，建立起一个类属的参照系。并在此基础上设置保类性测度指标，将保类性差的评价方法删掉，保留下来的即为大体准确的评价方法，为序号总和理论提供了在实际应用中判断评价方法是否大体准确的判据。第二，对有限的大体准确的评价方法，当计算出的序号总和无法进行排序时，可借助众数理论排序，求出位序的参考序列，然后再进行保序性的测度。

对各种评价方法的优劣判断是分层次进行的。首先，根据众数理论确定对象所属类别的参照系，按保类性原则，对诸评价方法的优劣进行第一层次的评价。测度保类性的指标设为类等级相关系数。具体方法是以样本原始数据阵 $X = (x_{ij})n \times p$ 为基础（n 为被评对象数，p 为指标数），首先运用多种聚类分析方法，对被评对象进行聚类，利用众数确定对象所属类别的参照系；然后计算对象在各种评价方法下的所属类别与参照系类别的类等级相关系数，将保类性差的评价方法删除。假定已采取的评价方法有 e 种，其对象类属资料矩阵为 $B = (b_{ij})e \times n$，$1 \leq b_{ij} \leq k$（k 为分类数）。按众数确定对象所属类别的参照系为 $b_0 = (b_{01}, b_{02}, \cdots, b_{0j})$，$1 \leq b_{0j} \leq k$，有等级相关系数 R_i 为

$$R_i = 1 - 6 \sum_{n=1}^{k} A_{ih}^2 / (k^3 - k) \qquad (7\text{-}9)$$

式中，$|R_i| \leq 1$，A_{ih}^2 为第 i 种评价方法的第 h 类与参照系的第 h 类的类别平均之差的平方。R_i 值越大，保类性越强；反之保类性越差。

7.7.2　几种绿洲稳定性评价方法的比较

应用 M_1、M_2、M_3、M_4、M_5 与 M_6 分别代替灰色关联分析法、主成分分析法、灰色关联分析与主成分结合法、粗糙集理论法、粗糙集约简后的灰色关联分析法与粗糙集与灰色关联分析结合法，结合上述公式与前面的结论，得到图 7-8 与各方法的 R_i 值：其中 $R_1 = 0.9402$，$R_2 = 0.8849$，$R_3 = 0.8958$，$R_4 = 0.6818$，$R_5 = 0.9748$，$R_6 = 0.8863$，由此推断出方法 $M_5 > M_1 > M_3 > M_6 > M_2 > M_4$，即粗糙集约简后的灰色关联分析法在绿洲稳定性评价中效果最好，而粗糙集理论法最差，不能单独作为绿洲稳定性评价方法。表 7-16 和表 7-17 分别为六种方法下研究对象位序排序表和众数理论下的各研究对象位序频次统计表。

表 7-16　六种方法下研究对象位序排序表

对象 ＼ 方法	M_1	M_2	M_3	M_4	M_5	M_6
1990	13	13	12	23	15	21
1991	12	11	11	20	12	17
1992	6	6	7	10	5	8
1993	4	3	4	11	3	6

续表

对象 \ 方法	M_1	M_2	M_3	M_4	M_5	M_6
1994	3	4	5	13	4	10
1995	1	1	1	12	1	5
1996	2	5	3	6	2	3
1997	2	2	2	3	3	2
1998	5	7	6	7	6	7
1999	9	8	9	17	11	15
2000	7	9	8	2	7	4
2001	8	10	8	5	8	9
2002	10	12	10	4	10	13
2003	10	12	10	14	9	11
2004	14	15	14	8	13	14
2005	11	14	13	1	6	1
2006	16	16	15	18	16	19
2007	17	17	16	15	14	16
2008	15	18	17	9	12	12
2009	19	20	19	19	18	20
2010	18	19	18	16	17	18
2011	20	21	20	22	20	23
2012	21	22	21	21	19	22

表 7-17　众数理论下的各研究对象位序频次统计表

对象 \ 次序	1	2	3	4	5	6	7	8	9	10	11	12	13	14	15	16	17	18	19	20	21	22	23
1990	0	0	0	0	0	0	0	0	0	0	0	1	2	0	1	0	0	0	0	0	1	0	1
1991	0	0	0	0	0	0	0	0	0	0	2	2	0	0	0	0	1	0	0	1	0	0	0
1992	0	0	0	0	1	2	1	1	0	1	0	0	0	0	0	0	0	0	0	0	0	0	0
1993	0	0	2	2	0	1	0	0	0	0	1	0	0	0	0	0	0	0	0	0	0	0	0
1994	0	0	1	2	1	0	0	0	0	1	0	0	1	0	0	0	0	0	0	0	0	0	0
1995	4	0	0	0	1	0	0	0	0	0	0	1	0	0	0	0	0	0	0	0	0	0	0
1996	0	2	2	0	1	1	0	0	0	0	0	0	0	0	0	0	0	0	0	0	0	0	0
1997	0	4	2	0	0	0	0	0	0	0	0	0	0	0	0	0	0	0	0	0	0	0	0
1998	0	0	0	0	1	2	3	0	0	0	0	0	0	0	0	0	0	0	0	0	0	0	0
1999	0	0	0	0	0	0	0	1	2	0	1	0	0	0	1	0	1	0	0	0	0	0	0
2000	0	1	0	1	0	0	2	1	1	0	0	0	0	0	0	0	0	0	0	0	0	0	0

续表

对象＼次序	1	2	3	4	5	6	7	8	9	10	11	12	13	14	15	16	17	18	19	20	21	22	23
2001	0	0	0	0	1	0	0	3	1	1	0	0	0	0	0	0	0	0	0	0	0	0	0
2002	0	0	0	1	0	0	0	0	0	3	0	1	1	0	0	0	0	0	0	0	0	0	0
2003	0	0	0	0	0	0	0	0	1	2	1	1	0	1	0	0	0	0	0	0	0	0	0
2004	0	0	0	0	0	0	0	1	0	0	0	0	1	3	1	0	0	0	0	0	0	0	0
2005	2	0	0	0	0	1	0	0	0	0	1	0	1	1	0	0	0	0	0	0	0	0	0
2006	0	0	0	0	0	0	0	0	0	0	0	0	0	1	3	0	1	1	0	0	0	0	0
2007	0	0	0	0	0	0	0	0	0	0	0	0	0	1	1	2	2	0	0	0	0	0	0
2008	0	0	0	0	0	0	0	0	1	0	0	2	0	0	0	1	1	0	0	0	0	0	0
2009	0	0	0	0	0	0	0	0	0	0	0	0	0	0	0	0	1	3	2	0	0	0	0
2010	0	0	0	0	0	0	0	0	0	0	0	0	0	0	0	1	1	3	1	0	0	0	0
2011	0	0	0	0	0	0	0	0	0	0	0	0	0	0	0	0	0	0	3	1	1	1	1
2012	0	0	0	0	0	0	0	0	0	0	0	0	0	0	0	0	0	0	1	0	3	2	0

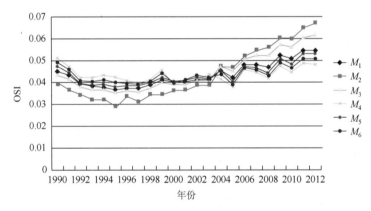

图 7-8　各方法下的额济纳绿洲稳定性 OSI 值比较

　　从图 7-8 中可以看出，M_2 与 M_3 对绿洲稳定性的评价趋势变化较大，M_2 评价的绿洲稳定性指数在 1995 年后基本处于快速增长趋势，M_3 评价的绿洲稳定性指数处于明显的波动状态；M_1、M_4、M_5、M_6 评价的绿洲稳定性呈现出较高的一致性，依据前面的方法排序可知 M_5 最适合绿洲稳定性评价。M_5 的评价结果显示从 2006 年开始，额济纳绿洲稳定性指数值才开始略高于 1990 年，说明 2006 年后绿洲稳定性程度才赶上 1990 年的水平；其中 1992～1998 年的绿洲稳定性值都低于或接近 0.04，从 2000 年黑河分水后，绿洲稳定性值开始慢慢升高，期间还出现了波动，说明绿洲系统是一个极其复杂的系统，其影响因素是多方面的。

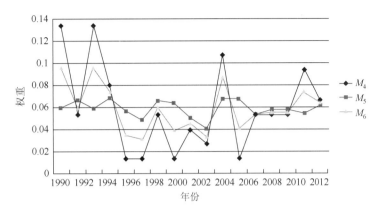

图 7-9　二种方法下的额济纳绿洲稳定性指标体系权重比较

　　鉴于 M_1、M_2 和 M_3 的额济纳绿洲稳定性评价指标体系是主观构建，所以我们这里仅比较 M_4、M_5 和 M_6（这三种方法的权重都是经过客观约简的）。同前，我们发现这三种方法的权重排序是 $M_6>M_5>M_4$，即粗糙集约简后的粗糙集与灰色关联分析结合的方法在绿洲稳定性评价的指标体系权重计算中效果最好（图 7-9），基本可以反映出各指标对绿洲稳定性的贡献。

第8章 粗糙集与模糊函数结合的绿洲稳定性综合评价

8.1 基于粗糙集与模糊函数的绿洲综合评价模型

8.1.1 粗糙集与模糊集的互补融合机理

目前已有模糊集理论、灰色理论、粗糙集理论三种处理不确定问题的方法，但在综合评价过程应用时，三种方法独立应用常常都会产生不确定信息，可能是由于评价者主观认识的偏差，也可能来自评价内容的模糊性或者由于评价信息部分不可知性，还有可能由于评价过程中的随机干扰所引起。为了更好地处理不确定性信息，将多种理论进行融合很有必要。模糊集是从隶属函数出发，将集合中子类的不清楚边界模型化，体现隶属边界的模糊性，隶属函数往往依据专家的经验知识来确定。而粗糙集的核心是等价关系，通过引入上、下近似来定义不确定性关系，体现集合对象的不可区分性。将粗糙集和模糊集进行结合，可以更有效地处理不确定性评价问题，更有效地利用模糊和粗糙两种知识（梁循，2007）。

模糊集与粗糙集的融合互补优势主要表现在以下几个方面：

（1）可以对同一个不确定性评价问题运用模糊集和粗糙集两种方法，从模糊隶属函数出发定义粗糙集等价关系，建立基于隶属函数的模糊粗糙集模型。

（2）将模糊专家知识应用于粗糙集约简当中，形成基于模糊等价关系的启发式粗糙集约简算法，能提高粗糙集的约简算法效率。通过利用模糊集的经验知识，较大限度地提高了粗糙集的约简算法效率。

（3）将模糊推理和粗糙集推理结合起来，给出模糊、粗糙推理知识，从而得到更优的推理和决策规则。

将模糊集和粗糙集结合起来，建立基于模糊集和粗糙集的综合评价方法，获取建立在两种方法处理之上的知识，从互补的角度，用一方的知识去定义另一方，对同一评价问题同时使用两种方法，具有更高的可信度和更高的信息处理和利用效率。

8.1.2 基于粗糙集与模糊函数相结合的绿洲稳定性综合评价模型

粗糙集直接从给定问题的描述集合出发，找出问题中的内在规律，它的知识提取完全由数据驱动，算法简单且易于操作。但是，粗糙集的数学基础是集合论，对连续型指标的处理能力非常有限，而且在对连续数据进行离散化的过程中都会或多或少地损失一部分信息，对于界限模糊的指标而言，粗糙集离散化处理有其局限性（Agrawal，1993；Cheung，1995；Wang et al.，2003）。而模糊集理论能较好地刻划模糊概念，用隶属函数来有效地解决粗糙集中模糊边界问题（张文字，2008）。据此构建了粗糙集与模糊函数相结合的绿洲稳定性综合评价模型（罗冠枝等，2008），具体如下：

（1）确定评价对象的因素论域 $U = \{U_1, U_2, U_3, \cdots, U_n\}$，即 n 个评价指标的集合。

（2）确定评语等级论域 $V = \{V_1, V_2, V_3, \cdots, V_n\}$，即评价指标等级集合。

（3）基于粗糙集和灰色理论的各评价指标综合权重 W_i 确定。

（4）进行单因素评价，建立模糊矩阵 $\boldsymbol{F}$：
$$\boldsymbol{F} = (f_{ij})_{m \times n} \qquad (0 \leqslant f_{ij} \leqslant 1)$$

矩阵中第 i 行第 j 列元素表示某被评区域从评价指标 U_i 来看对 V_i 等级模糊子集的隶属度。

（5）计算各评价区域的模糊综合评价结果向量 $\boldsymbol{B}$：
$$\boldsymbol{B} = \boldsymbol{W} \cdot \boldsymbol{F} = (b_1, b_2, \cdots, b_n)$$

其中，b_j 反映被评区域从整体上看对 V_i 等级模糊子集的隶属程度。最后根据隶属度最大性原则确定评价等级。

8.2　粗糙集与模糊函数相结合的绿洲稳定性综合评价模型验证

本研究选取裴源生等（2007）采用 OSI 方法评价了的宁夏绿洲，应用本模型评价，而后与其评价结论对照，说明该模型在绿洲稳定性评价中应用的可行性及正确性。

8.2.1　指标体系的选取及等级划分

根据研究目的，抽取了裴源生等（2007）在文献中提供的银川市、平罗县、石嘴山市、贺兰县、青铜峡市、灵武市、永宁县、吴忠市、中宁县和中卫市 10 个市（县）2010 水平年 50%黄河来水频率下的数据进行相应研究（表 8-1）；依据科学性、整体性、可操作性、层次性以及前瞻性的构建原则，选取裴源生等（2007）提供的 16 个具体指标及等级划分来定量分析宁夏绿洲的生态稳定性，建立由总体层、子系统层、指标层构成的结构框架（表 8-2）。

表 8-1　2010 水平年 50%黄河来水频率下评价指标原始值

序列	地名	c_1	c_2	c_3	c_4	c_5	c_6	c_7	c_8	c_9	c_{10}	c_{11}	c_{12}	c_{13}	c_{14}	c_{15}	c_{16}
1	中卫市	9488	3312	0	0.06	0.33	0.11	0.42	0.04	0.26	0.11	0.28	0.01	0.56	10421	3.23	3.23
2	中宁县	8670	4602	0	0.11	0.4	0.06	0.21	0.03	0.24	0.21	0.3	0.01	0.56	6309	2.66	2.66

续表

序列	地名	c_1	c_2	c_3	c_4	c_5	c_6	c_7	c_8	c_9	c_{10}	c_{11}	c_{12}	c_{13}	c_{14}	c_{15}	c_{16}
3	青铜峡市	8500	3321	0.01	0.07	0.42	0.06	0.22	0.02	0.22	0.22	0.28	0.01	0.55	6175	2.38	2.38
4	永宁县	8345	3393	0.01	0.07	0.49	0.07	0.32	0.02	0.2	0.07	0.31	0.03	0.6	6798	2.32	2.32
5	银川市	7715	3871	0.01	0.05	0.53	0.1	0.18	0.03	0.25	0.09	0.3	0.04	0.67	7892	2.1	2.1
6	贺兰县	8400	4420	0.01	0.07	0.61	0.13	0.26	0	0.26	0.06	0.33	0.08	0.68	5311	1.91	1.91
7	平罗县	7757	3646	0.01	0.09	0.49	0.13	0.19	0.03	0.22	0.16	0.32	0.01	0.57	9806	1.71	1.71
8	石嘴山市	7571	2571	0.01	0.05	0.42	0.14	0.29	0.02	0.25	0.12	0.32	0.03	0.62	5373	2.11	2.11
9	吴忠市	9140	2590	0	0.06	0.42	0.16	0.24	0.04	0.25	0.12	0.28	0.01	0.6	8949	2.93	2.93
10	灵武市	9333	3926	0	0.07	0.49	0.16	0.21	0.03	0.29	0.15	0.28	0.01	0.58	11972	2.55	2.55

注：c_1，c_2，…，c_{16} 指代的意义及各数据单位见裴源生等（2007）。

表 8-2　绿洲生态稳定性评价指标体系及各指标等级划分

总体层	子系统层	指标层	代码	等级划分				
				优	良	一般	差	极差
绿洲生态稳定性	水资源	农田单位面积水资源量（+）	c_1	>7800	6600~7800	5400~6600	4200~5400	<4200
		非农田单位面积水资源量（+）	c_2	>3750	3000~3750	1950~3000	1050~1950	<1050
		农业缺水率（−）	c_3	<0.1	0.1~0.2	0.2~0.3	0.3~0.4	>0.4
		生态缺水率（−）	c_4	<0.05	0.05~0.1	0.1~0.15	0.15~0.2	>0.2
	土地资源	耕地指数（−）	c_5	<0.5	0.5~0.6	0.6~0.7	0.7~0.8	>0.8
		耕地盐碱化指数（−）	c_6	<0.05	0.05~0.2	0.2~0.35	0.35~0.5	>0.5
		荒地指数（−）	c_7	<0.2	0.2~0.3	0.3~0.4	0.4~0.5	>0.5
	生物资源	林地指数（+）	c_8	>0.1	0.06~0.1	0.04~0.06	0.02~0.04	<0.02
		林地覆盖度（+）	c_9	>0.3	0.2~0.3	0.1~0.2	0.05~0.1	<0.05
		草地指数（+）	c_{10}	>0.3	0.2~0.3	0.1~0.2	0.05~0.1	<0.05
		草地覆盖度（+）	c_{11}	>0.8	0.5~0.8	0.2~0.5	0.05~0.2	<0.05
		湿地指数（+）	c_{12}	>0.1	0.05~0.1	0.03~0.05	0.01~0.03	<0.01
		基于生态绿当量的草地覆盖率（+）	c_{13}	>0.8	0.5~0.8	0.2~0.5	0.05~0.2	<0.05
	环境因子	水污染状况（−）	c_{14}	<4000	4000~6000	6000~8000	8000~10000	>10000
		地下水埋深（对盐碱化区的影响+）	c_{15}	>2.5	2.0~2.5	1.5~2.0	1.0~1.5	<1
		地下水埋深（对非盐碱化区的影响−）	c_{16}	<1	1.0~2.0	2.0~4.0	4.0~5.0	>5

注：各指标详细注释见裴源生等（2007）。

8.2.2　权重的计算

1. 粗糙集理论下的权重确定

根据绿洲稳定性评价指标的等级划分（表 8-2），用 1、2、3、4、5 五个等级对应表示极差、差、一般、良和优，构造研究区域各指标对应的知识表达系统（知识库）

表 8-3、表 8-4、表 8-5 和表 8-6，采用粗糙集与灰色理论相结合的组合赋权法计算各指标权重：由表 8-3 可以看出：C 的 C_c_1 正域 $\mathrm{POS}_{C\_c_1}(C)=\{\{2\}\}$，其依赖度 $k=\mathrm{Card}$ $(\mathrm{POS}_{C\_c_1}(C))/\mathrm{Card}(U)=1/10=0.1$，所以指标 c_1 的重要度为 $1-0.1=0.9$，同理可得 c_2，c_3，c_4 的重要度依次为 0.9，0.5，0.6，可得：$P_1=0.3103$，$P_2=0.3103$，$P_3=0.1724$，$P_4=0.2069$。

表 8-3　知识表达系统 1

对象	c_1	c_2	c_3	c_4
1	5	4	5	4
2	5	5	5	3
3	5	4	5	4
4	5	4	5	4
5	4	5	5	4
6	5	5	5	4
7	4	4	5	4
8	4	3	5	4
9	5	3	5	4
10	5	5	5	4

注：论域由标号为 1, 2, …, 10 的研究区域组成，条件属性集 $C=\{c_1,c_2,c_3,c_4\}$ 表示与水资源相关的指标集。

依据表 8-4、表 8-5 和表 8-6，同理得到 $P_5=0.3810$，$P_6=0.2381$，$P_7=0.3810$；$P_8=0.2917$，$P_9=0.125$，$P_{10}=0.1667$，$P_{11}=0.125$，$P_{12}=0.1667$，$P_{13}=0.125$；$P_{14}=0.4762$，$P_{15}=0.2857$，$P_{16}=0.2381$。

表 8-4　知识表达系统 2

对象	c_5	c_6	c_7
1	5	4	2
2	5	4	4
3	5	4	4
4	5	4	3
5	4	4	5
6	3	4	5
7	5	4	5
8	5	4	4
9	5	4	4
10	5	4	4

注：论域组成同表 8-3，条件属性集 $C=\{c_5,c_6,c_7\}$ 表示与土地资源相关的指标集。

表 8-5　知识表达系统 3

对象	c_8	c_9	c_{10}	c_{11}	c_{12}	c_{13}
1	2	4	3	3	1	4
2	2	4	4	3	1	4
3	1	4	4	3	1	4
4	1	3	2	3	2	4
5	2	4	2	3	3	4
6	1	4	3	3	4	4
7	2	4	3	3	4	4
8	1	4	3	3	2	4
9	2	4	3	3	1	4
10	2	4	3	3	1	4

注：论域组成同表 8-3，条件属性集 $C=\{c_8,c_9,c_{10},c_{11},c_{12},c_{13}\}$ 表示与生物资源相关的指标集。

表 8-6　知识表达系统 4

对象	c_{14}	c_{15}	c_{16}
1	1	5	3
2	3	5	3
3	3	4	3
4	3	4	3
5	3	4	3
6	4	3	4
7	2	3	4
8	4	4	3
9	2	5	3
10	1	5	3

注：论域组成同表 8-3，条件属性集 $C=\{c_{14},c_{15},c_{16}\}$ 表示与环境因子相关的指标集。

对 P_i 进行归一化处理得到

P =（0.0776，0.0776，0.0431，0.0517，0.0953，0.0595，0.0953，0.0729，0.0313，0.0417，0.0313，0.0417，0.0313，0.1191，0.0714，0.0595）。

2. 灰色关联理论的权重确定

选取各评价指标等级划分中的最优临界值作为参考向量，取关联系为 0.5，计算得到各指标的关联度经归一化处理得到对应权重 β：

β =（0.0740，0.0727，0.0264，0.0702，0.0728，0.0655，0.0712，0.0460，0.0713，0.0572，0.0535，0.0465，0.0693，0.0663，0.0726，0.0646）。

3. 综合权重确定

取调整参数 η 为 0.5，得到综合权重 W 为

W =（0.0758，0.0752，0.0348，0.061，0.0841，0.0626，0.0833，0.0595，0.0514，0.0495，0.0425，0.0442，0.0504，0.0928，0.072，0.0621）。

8.2.3　绿洲稳定性评价

1. 隶属函数构造及其综合评价

根据指标等级划分，采用五值逻辑分区构造隶属函数（表 8-7），其中 I 区为极差，II 区为差，III 区为一般，IV 区为良，V 区为优，隶属函数值可直接根据指标等级（表 8-2）划分而定。

以中卫市为例，先由表 8-7 计算出隶属函数 F，再计算 $B = W \cdot F$，从而得到该区域的综合评价结果：

$$B = W \cdot F = \begin{bmatrix} 0.0758 \\ 0.0752 \\ \vdots \\ 0.072 \\ 0.0621 \end{bmatrix}^{\mathrm{T}} \cdot \begin{bmatrix} 0 & 0 & 0 & 0.4110 & 0.5890 \\ 0 & 0 & 0.084 & 0.916 & 0 \\ \vdots & \vdots & \vdots & \vdots & \vdots \\ 0 & 0 & 0 & 0.3870 & 0.6130 \\ 0 & 0.115 & 0.885 & 0 & 0 \end{bmatrix}$$

$$= (0.0704, 0.1916, 0.1934, 0.3362, 0.2097)$$

取 B 向量中的最大值 0.3362，对应于第 IV 区间，故中卫市的绿洲稳定性属于良。同理得到其他区域的综合评价结果（表 8-8）。

表 8-7　隶属函数 F 的确定

区间	等级				
	I	II	III	IV	V
$x \leqslant a_1$	$1-\dfrac{x}{2a_1}$	$\dfrac{x}{2a_1}$	0	0	0
$a_1 < x \leqslant \dfrac{a_1+a_2}{2}$	$\dfrac{(a_1+a_2)-2x}{2(a_2-a_1)}$	$1-\dfrac{(a_1+a_2)-2x}{2(a_2-a_1)}$	0	0	0
$\dfrac{a_1+a_2}{2} < x \leqslant a_2$	0	$1-\dfrac{2x-(a_1+a_2)}{2(a_2-a_1)}$	$\dfrac{2x-(a_1+a_2)}{2(a_2-a_1)}$	0	0
$a_2 < x \leqslant \dfrac{a_2+a_3}{2}$	0	$\dfrac{(a_2+a_3)-2x}{2(a_3-a_2)}$	$1-\dfrac{(a_2+a_3)-2x}{2(a_3-a_2)}$	0	0
$\dfrac{a_2+a_3}{2} < x \leqslant a_3$	0	0	$1-\dfrac{2x-(a_2+a_3)}{2(a_3-a_2)}$	$\dfrac{2x-(a_2+a_3)}{2(a_3-a_2)}$	0
$a_3 < x \leqslant \dfrac{a_3+a_4}{2}$	0	0	$\dfrac{(a_3+a_4)-2x}{2(a_4-a_3)}$	$1-\dfrac{(a_3+a_4)-2x}{2(a_4-a_3)}$	0
$\dfrac{a_3+a_4}{2} < x \leqslant a_4$	0	0	0	$1-\dfrac{2x-(a_3+a_4)}{2(a_4-a_3)}$	$\dfrac{2x-(a_3+a_4)}{2(a_4-a_3)}$
$x > a_4$	0	0	0	$\dfrac{a_4}{2x}$	$1-\dfrac{a_4}{2x}$

2. 结果分析

由表 8-8 可知：在 2010 水平年 50%黄河来水频率下，用该方法评价的宁夏地区中卫市、银川市、平罗县等 10 个区域绿洲稳定性全处于第Ⅳ区间，都属良好，评价结果与裴源生等（2007）提供的结论完全一致，说明本书提出的该方法评价绿洲稳定性完全可行。

表 8-8　绿洲稳定性评价区间及评价结果

序列	地名	I	II	III	IV	V	本方法评价结果	裴源生等（2007）评价结果
1	中卫市	0.0704	0.1916	0.1934	0.3362	0.2097	良好	良好
2	中宁县	0.0221	0.0887	0.2305	0.3898	0.2701	良好	良好
3	青铜峡市	0.0519	0.0618	0.1825	0.5053	0.1998	良好	良好
4	永宁县	0.0347	0.1021	0.2757	0.4314	0.1572	良好	良好
5	银川市	0.0000	0.1426	0.2017	0.4408	0.2113	良好	良好
6	贺兰县	0.0744	0.0375	0.1811	0.5248	0.1835	良好	良好
7	平罗县	0.0374	0.147	0.2334	0.4014	0.1820	良好	良好
8	石嘴山市	0.0298	0.071	0.2799	0.4849	0.1358	良好	良好
9	吴忠市	0.0221	0.167	0.2743	0.3512	0.1866	良好	良好
10	灵武市	0.0761	0.1303	0.1482	0.3887	0.2578	良好	良好

8.3　粗糙集与模糊函数相结合的额济纳绿洲稳定性综合评价

依据额济纳统计年鉴及相关资料，获得额济纳绿洲稳定性综合评价指标体系的原始值，对照指标离散时各指标分级标准，结合粗糙集与模糊函数相结合的绿洲稳定性评价模型，采用模型验证中的隶属函数，得到额济纳绿洲稳定性评价区间及评价结果（表 8-9）。

表 8-9　额济纳绿洲稳定性评价区间及评价结果

年份	I	II	III	IV	V	模糊评价区间
1990	0.1307	0.2145	0.3306	0.1985	0.1257	一般
1991	0.2705	0.2012	0.3029	0.1675	0.0579	一般
1992	0.2185	0.3472	0.2266	0.1321	0.0756	差
1993	0.1764	0.3968	0.2937	0.0753	0.0578	差
1994	0.1783	0.2649	0.3678	0.1856	0.0034	一般
1995	0.1605	0.2932	0.3148	0.1263	0.1052	一般
1996	0.2177	0.4316	0.2643	0.0709	0.0155	差
1997	0.1712	0.3387	0.3576	0.0639	0.0686	一般
1998	0.1736	0.3995	0.3058	0.1132	0.0079	差
1999	0.1602	0.2684	0.3176	0.2096	0.0442	一般
2000	0.1685	0.3946	0.2176	0.1561	0.0632	差
2001	0.2547	0.3516	0.3207	0.0556	0.0174	差
2002	0.1266	0.2875	0.3271	0.1370	0.1218	一般
2003	0.1579	0.2938	0.3985	0.1195	0.0303	一般
2004	0.0962	0.2473	0.2868	0.2231	0.1466	一般
2005	0.1156	0.2995	0.1824	0.2208	0.1817	差
2006	0.0768	0.1978	0.2019	0.3375	0.1860	良
2007	0.1457	0.2133	0.3017	0.2499	0.0894	一般
2008	0.0598	0.2013	0.3235	0.2272	0.1882	一般
2009	0.1376	0.2068	0.3869	0.2211	0.0476	一般
2010	0.0907	0.2871	0.3917	0.1215	0.1090	一般
2011	0.2073	0.1936	0.4023	0.0376	0.1592	一般
2012	0.1563	0.1885	0.3467	0.0251	0.2834	一般

8.4　两种评价方法结论对比及分析

选取众数理论评判结论最好的方法——粗糙集约简后的灰色关联分析法的额济纳绿洲稳定性评价结果与粗糙集与模糊函数糊函数相结合的绿洲稳定性评价法的额济纳绿洲稳定性评价结果相比较，依据表 7-13 与表 8-9，得到表 8-10 与图 8-2。

表 8-10　两种额济纳绿洲稳定性综合评价结果比较表

年份	OSI	隶属区间
1990	0.0473	一般
1991	0.0442	一般
1992	0.0394	差
1993	0.0386	差
1994	0.0393	一般
1995	0.0379	一般
1996	0.0385	差
1997	0.0386	一般
1998	0.0400	差
1999	0.0424	一般
2000	0.0403	差
2001	0.0412	差
2002	0.0423	一般
2003	0.0414	一般
2004	0.0454	一般
2005	0.0400	差
2006	0.0476	良
2007	0.0467	一般
2008	0.0442	一般
2009	0.0507	一般
2010	0.0482	一般
2011	0.0530	一般
2012	0.0529	一般

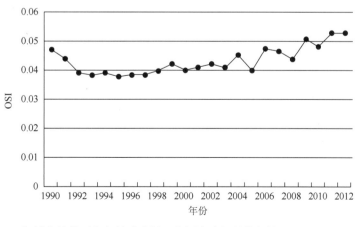

图 8-1　粗糙集约简后灰色关联分析下的额济纳绿洲稳定性 OSI 图（同图 7-7）

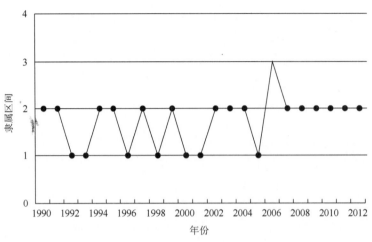

图 8-2　粗糙集与模糊集结合法下的额济纳绿洲稳定性评价结果

可以看出，额济纳绿洲的稳定性一直呈现出明显的波动性，2006 年前绿洲稳定性值基本呈下降趋势，绿洲稳定性评价隶属区间也在"一般"与"差"之间波动，2006 年后，绿洲稳定性值呈缓慢增长趋势，绿洲稳定性评价隶属区间都为"一般"，只有 2006 年绿洲稳定性评价隶属区间为"良"，绿洲稳定性值与 1990 年极其相近，2006 年后绿洲稳定性值基本都高于或接近 1990 年，说明从 2006 年开始，额济纳绿洲稳定性才达到 1990 年的状态，绿洲稳定性状况趋于好转。其中绿洲稳定性 OSI 较大的为 2011 年、2012 年与 2009 年，绿洲稳定性值都大于 0.05，绿洲稳定性隶属区间都为"一般"；1992～1998 年，绿洲稳定性值都较小，而且都小于 0.04，绿洲稳定性评价隶属区间出现 4 个"差"与 3 个"一般"，绿洲稳定性值波动明显；从 2000 年黑河分水后，绿洲稳定性 OSI 值开始慢慢升高，值都大于了 0.04，绿洲稳定性隶属区间出现 3 个"差"与 9 个"一般"和一个"良"，说明绿洲系统是一个极其复杂的系统，其影响因素是多方面的。

权衡绿洲稳定性评价指标中权重较大的 6 个指标狼心山径流、年降水量、第三产业比例、地下水位埋深、沙尘暴次数与霜冻天数（图 8-3～图 8-8）；发现在研究时段内年降水量与沙尘暴次数呈现出下降趋势，狼心山径流与第三产业比例呈现增长趋势，霜冻天数与地下水位埋深趋势线不太明显。以黑河分水 2000 年或其后的 2001 年、2002 年为界，狼心山径流与第三产业比例增长趋势变大，在一定程度上反映出从 2000 年开始，额济纳绿洲稳定性 OSI 开始变大，绿洲稳定性状况开始好转。从 2000 年或其后的 2001 年、2002 年开始，年降水量下降趋势变缓，波动变小，其他指标狼心山径流、第三产业比例、地下水位埋深、霜冻天数、沙尘暴次数，从 2006 年开始，均在趋势线附近徘徊，波动也明显变小，同时狼心山径流与第三产业比例增加趋势更加明显，反映出从 2006 年开始到 2012 年间绿洲评价隶属区间都为"一般"，绿洲稳定性好转趋势比较明显，其中，2006 年开始，绿洲稳定性接近 1990年，绿洲稳定性达到 1990 年的水平。对于绿洲稳定性 OSI 较小的 1992～1998 年，发现上述 6 个评价指标变化波动较大，最小的 1992 年，6 个指标中狼心山径流值最小，地下水位埋深最大，沙尘暴次数最大；而对于绿洲稳定性 OSI 较大的 2006～2012年，发现 6 个评价指标的变化波动较小，最大的 2011 年，6 个指标基本都在回归线附近，有的甚至直接落在了回归线上。以上这些充分说明绿洲的稳定性是一个多因素综合作用的结果，单个指标的好坏只能在某方面，影响绿洲的稳定性。故此，制定绿洲恢复政策与措施时，绝不可重此轻彼，而应从综合的角度出发，制定比较全面的绿洲生态环境恢复策略。

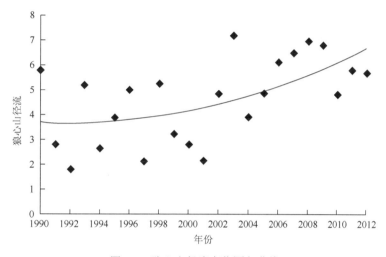

图 8-3　狼心山径流变化回归曲线

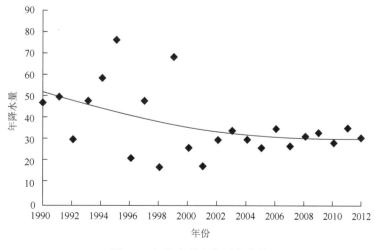

图 8-4　年降水量变化回归曲线

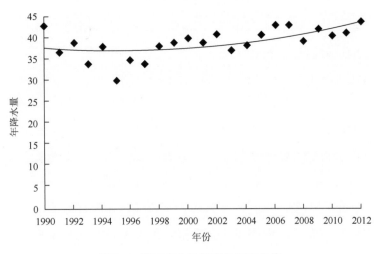

图 8-5　第三产业比例变化回归曲线

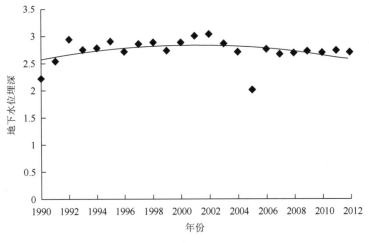

图 8-6　地下水水位埋深变化回归曲线

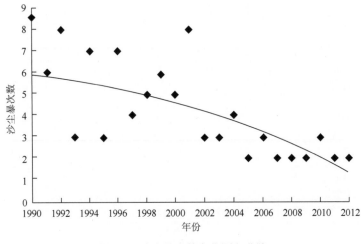

图 8-7　沙尘暴次数变化回归曲线

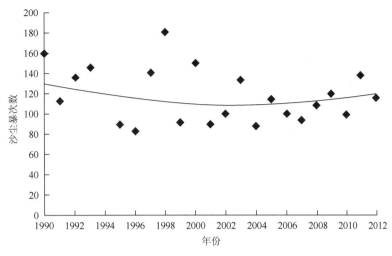

图 8-8　霜冻天数变化回归曲线

第9章　额济纳绿洲生态系统恢复政策及措施评价

政策评价是指采用科学的方法，对已经付诸实施的政策所产生的效果、执行情况及其带来的各种影响等进行客观的、系统化的考察与评价，目的在于通过将这些信息直接或间接地反馈给政策制定者和政策执行者，促使他们适时做出政策反应，及时调整不当的政策，废除无效的政策，改善政策执行行为，从而提高政策制定的质量。但是，长期以来，人们只顾无休止的制定、颁布政策，而对政策的效果如何关心甚少。事实上，政策评估不仅是检验政策的效果、效益和效率的基本途径，也是决定政策去向及合理配置资源的重要手段。回顾国内外政策评估的研究成果，有多种政策评估方法。Vedung（1997）归纳了包括目标达成模式、附带效果模式、无目标评估、综合评估、顾客导向评估、利益相关者模式、经济模式和职业化模式等8种评估模型。Stufflebeam 归纳了现有的评估模型，划分为四大类22种模型，并且展望了21世纪更有应用前景的9种评估模型，其中包括消费者取向模型、以顾客为中心的模型等（Daniel，2001）。后来的研究者针对政策评估研究中理论与实践不能很好结合的现实，提出要在系统理论指导下，通过实验收集数据，进行经验型比较研究，从而改进政策评估研究（Christina，2003）。国内有学者认为政策评估应主要从政策结果或效果方面进行评价（宁骚，2003）；王瑞祥和谢媛认为顾客导向模式不仅在国外广泛应用，而且在国内也应得到广泛应用（王瑞祥，2003）；吴木銮运用案例研究等定性方法分析了我国四次公务员工资改革的政策执行情况，发现有依赖关系的多部门执行是政策执行走样的原因之一（吴木銮，2009）。然而，就现有文献来看，针对额济纳绿洲恢复的政策及措施研究，专家学者们都是通过分析额济纳绿洲生态环境恶化的原因，而后提出政策措施及建议，这些研究为绿洲的生态恢复做出了很大的贡献，但是目前还没有学者对提出的政策与措施进行过政策评价，定量评价更无从说起。据此，笔者拟采用基于专家导向的政策评价模型，对国家政府以及专家学者们提出及采用的额济纳绿洲生态环境恢复政策与措施进行研究，分析政策的重要性、政策的执行落实情况以及政策执行过程中存在的问题，而后提出对策建议。

9.1　额济纳绿洲生态恢复政策与措施

近半个多世纪以来，黑河流域的生态环境普遍恶化（龚家栋，1998），处于下游的额济纳绿洲更为严重。主要表现为：地下水位下降，湖泊干涸；水质恶化（王根绪等，1998）；植被退化，绿洲面积萎缩，荒漠化；植物种类显著减少，并且群落成分也发生改变；草场生产力下降；动物种类与数量也明显减少；土壤盐碱化、沙漠化；同时由于环境恶化引起的沙尘暴天气也频繁发生（郭铌等，2004）。故此对额济纳绿洲的生态恢复与保护迫在眉睫，鉴于此国家投入了大量的人力、物力，许多专家与学者分析了绿洲生态环境恶化的原因，并据此提出了许多政策建议及恢复措施，概括起来，主要包括以下四个方面：①针对水资源的政策与措施：黑河分水工程；发展节水灌溉农业；防治水质恶化；保证地下水水位的供给。②针对土地的政策与措施：保护土地资源，合理开发利用；防治土地沙漠化、盐碱化。③针对植被类的政策与措施：围栏封育；圈养舍饲；合理的放牧方式；人工造林、建设饲草料基地；提高环境意识、保护绿洲生态，严禁"三滥"现象。④综合类的政策与措施：调整产业结构；加强生态环境的动态监测与评估；生态补偿；生态移民工程。各政策的具体内容，本研究不再详述。

9.2　额济纳绿洲生态恢复政策与措施的评价

依据上面的分析，我们向 30 位长期从事额济纳绿洲或黑河下游生态环境研究的学者进行了问卷调查和走访，对上面提及的额济纳绿洲生态恢复政策与措施从重要性、政策执行落实情况两个方面进行调查。其中重要性分很重要、重要、一般、不重要、不必要 5 个等级；政策执行落实情况分完全落实、基本落实、落实一般、落实的不太好、没有落实 5 个等级。统计中发现在对政策与措施的重要性调查中，没有专家选择"不必要"选项，在政策与措施的执行落实情况调查中选"完全落实"一项的专家特别少，备注栏也无专家提出别的政策与措施，说明调查概括的额济纳绿洲生态恢复政策与措施已基本囊括了近几年来国家或者当地政府所实施的所有政策与措施。研究时对政策的执行情况采用李克特 5 点量表来测度，得分越高，表明政策执行得越好。统计分析结果如表 9-1 所示，若以"3"分为"落实一般"，说明总体上这些政策执行情况超过"一般水平"。表中 p_1 代表黑河分水工程；p_2 代表发展节水灌溉农业；p_3 代表防治水质恶化；p_4 代表保证地下水水位的供给；p_5 代表保护土地资源，合理开发利用；p_6 代表防治土地沙漠化、盐碱化；p_7 代表围栏封育；p_8 代表圈养舍饲；p_9 代表合理的放牧方式；p_{10} 代表人工造林、建设饲草料基地；p_{11} 代表提高环境意识、保护绿洲生态，严禁"三滥"现象；p_{12} 代表调整产业结构；p_{13} 代表加强生态环境的动态监测与评估； p_{14} 代表生态补偿； p_{15} 代表生态移民工程。

表 9-1　额济纳绿洲生态恢复政策与措施执行情况评价

政策分类	政策代码	政策重要性（专家人数）				政策落实情况（专家人数）					政策执行指数	政策执行总指数
		很重要	重要	一般	不重要	完全落实	基本落实	落实一般	落实不太好	没有落实		
水资源类政策	p_1	28	2	0	0	3	25	2	0	0	4.03	2.74
	p_2	5	18	5	2	0	5	20	3	2	2.93	
	p_3	5	14	8	3	0	0	5	18	7	1.93	
	p_4	22	8	0	0	0	0	6	20	4	2.06	
土地类政策	p_5	4	16	7	3	0	0	10	13	7	2.1	2.45
	p_6	17	13	0	0	0	8	10	10	2	2.8	
植被类政策	p_7	21	9	0	0	0	24	5	1	0	3.77	3.39
	p_8	10	18	2	0	0	19	8	3	0	3.53	
	p_9	6	20	4	0	0	20	6	4	0	3.53	
	p_{10}	5	14	8	3	0	3	20	6	1	2.9	
综合类政策	p_{11}	10	17	3	0	0	10	16	4	0	3.2	2.73
	p_{12}	10	13	6	1	0	3	18	9	0	2.8	
	p_{13}	12	16	2	0	0	12	14	2	2	3.2	
	p_{14}	1	3	18	8	0	0	2	6	22	1.33	
	p_{15}	4	10	14	3	0	20	8	2	0	3.6	

注："没有落实"得 1 分，"落实不太好"得 2 分，"落实一般"得 3 分，"基本落实"得 4 分，"完全落实"得 5 分。

9.2.1　水资源类政策与措施的重要性及政策执行评价

绿洲作为干旱、半干旱地区人类活动的依托，水资源是其兴亡的关键，无水即无绿洲。从对额济纳绿洲生态恢复的水资源类政策与措施调查中同样可以看出这点，如图 9-1 和图 9-2 所示。专家们普遍认为"黑河分水工程"是水资源类政策中最重要并且落实最好的政策，针对重要性，30 位专家中有 28 位选择了"很重要"，其他 2 位选择了"重要"，认为重要的比例为 100%；针对执行情况，3 位专家选择"完全落实"，25 位选择"基本落实"，只有 2 位选择了"落实一般"，政策执行指数达到了4.03。额济纳绿洲生态环境恶化以来，国家高度重视，先后多次召集专家学者开会商讨，最后一致认为，下游来水量减少是其恶化的根本原因，于是经国务院审批，1997年 12 月由水利部以水政资[1997]496 号文件转发甘肃省和内蒙古自治区人民政府执行《分水方案》；1999 年批复成立水利部黄河水利委员会黑河流域管理局，对黑河流域水资源实施统一管理调度；2000 年 5 月，朱镕基总理就黑河治理问题做了具体指示，水利部随即部署开展了黑河水资源问题及其对策措施研究，编制完成《黑河流域近期治理规划》，开始实施黑河分水，至今已 10 年。按照规划的要求，2004～2010 年要实现下游生态系统恢复到 20 世纪 80 年代水平，但截至当前，水量调度也仅仅停留在完成国家的分水方案，仅实现了 2003 年以前的治理目标，可见这与专家的认识不谋而合。

对于"保证地下水水位的供给"，认为重要的比例同样也是 100%，只是认为"很重要"的为 22 人，"重要"的为 8 人；对于"发展节水灌溉农业、防治水质恶化"两项政策，专家的认同度不全一样，总体认为重要的比例也都超过了 60%。但对这 3 项政策的执行而言，政策执行指数均小于 3，其中"发展节水灌溉农业"的政策执行指数接近 3，30 位专家选择时，选择"落实一般"的达到了 20 人，究其原因可能是额济纳绿洲地处内陆极端干旱的气候环境之下，畜牧业较农业更适合，历史以来农牧业交替发展，畜牧业具有非常好的长期的稳定性，而农业则呈现出阶段性特点。但是随着农业技术的飞速发展，抗旱作物的出现，额济纳绿洲农业的近年来有了飞速发展。而"防治水质恶化、保证地下水水位供给"两项政策，政策执行指数均接近 2，说明政策执行落实不好。额济纳绿洲天然降水十分稀少，水资源主要包括径流与地下水两部分，径流完全依靠黑河分水，做好途径地大型企业排放物污染预防比较困难，同时这两项政策在执行过程中的可预见性和可操作性（政策本身不够清晰）差，判断标准比较模糊，造成了它们的执行指数低，应当引起相关部门的重视。

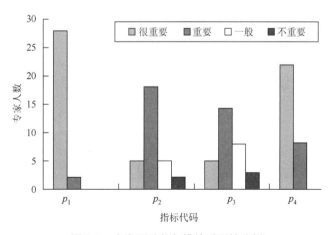

图 9-1　水资源政策与措施重要性分析

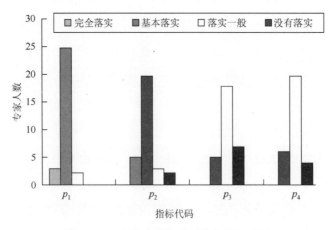

图 9-2　水资源政策与措施执行情况分析

9.2.2　土地类政策与措施的重要性及政策执行评价

额济纳绿洲土地的特征主要表现为土地沙漠化、盐碱化，对此主要有两项对策与措施，如图 9-3 和图 9-4 所示。在调查中发现对于"防治土壤沙漠化、盐碱化"这项政策，认为重要的比例为 100%，其中 17 位专家认为"很重要"，13 位专家认为"重要"；对于"保护土地资源，合理开发利用"这项政策，认为"很重要"的 4 人，"重要"的 16 人，"一般"的 7 人，"不重要"的 3 人。而对于这两项政策的执行情况，政策执行指数均小于 3，前者有 8 位专家认为"基本落实"，20 位专家认为"落实一般"和"落实不太好"；后者认为"落实一般"和"落实不太好"的有 23 人，"没有落实"的有 7 人。额济纳绿洲地处极端干旱荒漠地区，以未利用土地（沙地、戈壁、盐碱地以及裸岩石砾地）为主体，草地、耕地、林地、水域以及建筑用地等所占面积相当小，到底如何保护、如何开发利用土地资源，是一个令研究者、决策者都头疼的问题；同时，干旱与沙尘暴是当地两大重要自然灾害，近年来，作为绿洲生态环境恶化的表现荒漠化、盐碱化已被普遍认可，国家也投入了大量的人力、物力防沙治沙，虽取得了一定的成效，但沙漠化的大趋势还没有被完全遏制；加之针对它们的政策细化不够，可操作性差，便导致了土地类政策的执行指数低。

9.2.3　植被类政策与措施的重要性及政策执行评价

针对额济纳绿洲植被恢复的政策与措施总共 5 项，如图 9-5 和图 9-6 所示，调查中发现专家一致认为重要的政策为"围栏封育"，其中认为"很重要"的 21 位，"重

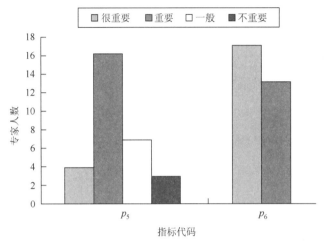

图 9-3　土地类政策与措施的重要性

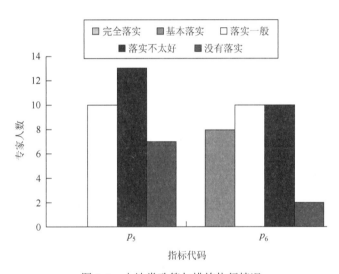

图 9-4　土地类政策与措施执行情况

要"的 9 位，比例达到 100%；其他四项政策认为重要的排序是"圈养舍饲"，10 个"很重要"，18 个"重要"，2 个"一般"；"提高环境保护意识，严禁三滥现象"，10 个"很重要"，17 个"重要"，3 个"一般"；"合理的放牧方式"，6 个"很重要"，20 个"重要"，4 个"一般"；"人工造林，建设饲料基地"，5 个"很重要"，14 个"重要"，8 个"一般"，3 个"不重要"，总体认为重要的比例都超过了 60%。同样，这 5 项政策的政策执行指数中，4 项大于 3，1 项接近 3。政策执行指数大于 3 的"围栏封育"、"圈养舍饲"、"合理的放牧方式"以及"提高环境保护意识，严禁三滥现象"4 项政策执行情况较好，认可（基本落实和落实一般）的专家位数分别为 29、27、26 和 26；而"人工造林，建设饲料基地"政策的执行指数为 2.9，认可的专家为 23 位。分析发现，植被类政策与措施整体及其单个政策执行指数都高的主要原因是这些政策不但目标明确具体，而且可见性与可操作性好。

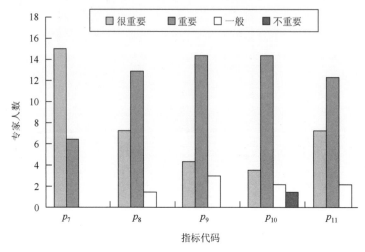

图 9-5　植被类政策与措施重要性分析

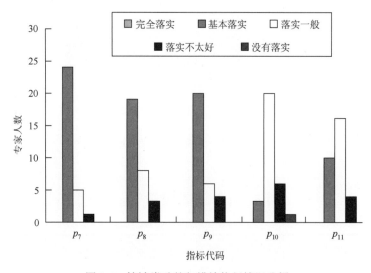

图 9-6　植被类政策与措施执行情况分析

9.2.4　综合类政策与措施的重要性及政策执行评价

对于综合类政策，如图 9-7 和图 9-8 所示，专家一致认为最重要的政策是"加强生态环境的动态监测与评估"，包括 12 个"很重要"，16 个"重要"；其次为"调整产业结构"，包括 10 个"很重要"，13 个"重要"；而"生态补偿"与"生态移民工程"，专家认为重要的程度都不超过 60%，其中"生态补偿"认为"一般"和

"不重要"的甚至达到了 26 人。对于该类政策的执行情况，专家们认为执行较好的
是"生态移民工程"和"加强生态环境的动态监测与评估"，前者 20 位专家选择
"基本落实"，8 位选择"落实一般"，后者 12 位专家选择"基本落实"，14 位选
择"落实一般"，执行指数都超过了 3；其他两项政策专家普遍认为执行不太好，尤
其是"生态补偿"政策，30 位专家中，22 位选择了"没有落实"，6 位选择了"落
实不太好"，执行指数还不到 2。"生态移民工程"和"加强生态环境的动态监测与
评估"两项政策执行好的原因是：额济纳绿洲生态环境的恶化，引起了国家以及当
地政府等相关部门的高度重视，"生态移民"政策已在当地政府的有效执行下圆满
完成；同时相关部门在国家的大力支持下，在额济纳地区设立了绿洲生态环境的动
态监测站点，额济纳绿洲的生态环境恶化当前虽然有所遏制，但额济纳绿洲的恢复
是一个长期的过程，也意味着监测将是一个长期的任务；再者，这两项政策目标明
确，可见性与可操作性好。"调整产业结构"这项政策执行不太好，主要是因为：
随着西部大开发的进行，额济纳绿洲也获得了前所未有的发展，第二、第三产业投
入明显加大，但就当前的三产比例来看，虽然已由前期的第一、第三、第二的产业
顺序转化成了第二年、第三、第一的产业顺序，但还没有转变成发达国家的第三、
第二、第一的三产比例形式；同时这项政策的目标含糊，可见性与可操作性较差。
而对于"生态补偿"政策，执行最差的原因有主观与客观两方面：主观方面，黑河
中、上游不愿甚至不想为下游的生态破坏做补偿；客观方面，"谁破坏谁补偿"中
的"谁"有时很难界定，"怎么补偿"、"如何补偿"等细节都模糊不清，"生态
的定价"也是一个难题等。

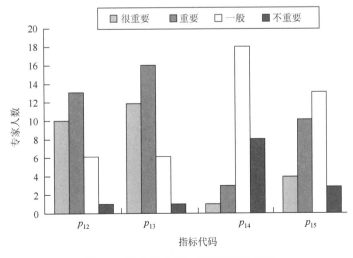

图 9-7　综合类政策与措施重要性分析

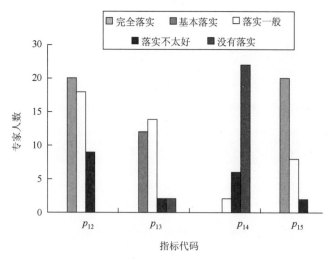

图 9-8　综合类政策与措施执行情况分析

9.2.5　全部政策与措施的重要性及政策执行评价

在调查的 15 项政策中（图 9-9 和图 9-10），从政策与措施的重要性来看：最重要的政策（选"很重要"与"重要"的专家位数和占总专家数的比例为 100%）依次为："黑河分水工程"、"保证地下水水位的供给"、"围栏封育"以及"防治土地沙漠化、盐碱化"；重要的政策（选"很重要"与"重要"的专家位数和占总专家数的比例达到 80%）依次为："加强生态环境的动态监测与评估"、"圈养舍饲"、"提高环境保护意识，严禁三滥现象"以及"合理的放牧方式"；不重要的政策（选"一般"与"不重要"的专家位数和占总专家数的比例超过 30%）依次为："防治水质恶化"、"人工造林，建设饲料基地"以及"保护土地资源，合理开发利用"；最不重要的政策（选"一般"与"不重要"的专家位数和占总专家数的比例达到 50%）为"生态补偿"和"生态移民工程"。从政策与措施的执行情况来看：专家们认为执行较好（选"完全落实"与"基本落实"的专家位数和占总专家数的比例超过 60%）的依次为："黑河分水工程"、"围栏封育"、"合理的放牧方式"、"生态移民工程"以及"圈养舍饲"，对应的政策执行指数依次为 4.03、3.77、3.53、3.6 和 3.53；执行不太好（选"落实不太好"与"没有落实"的专家位数和占总专家数的比例超过 60%）的有"生态补偿"、"防治水质恶化"、"保证地下水水位的供给"以及"保护土地资源，合理开发利用"，对应的政策执行指数依次为 1.33、1.93、2.06 和 2.1。从整体政策的可执行指数来看，植被类政策与措施落实得较好，执行指数超过了 3，而水资源、土地以及综合类政策与措施的执行情况得相对较差，执行指数均小于 3。

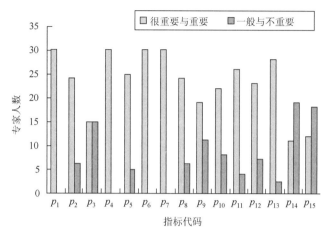

图 9-9　全部政策与措施重要性分析

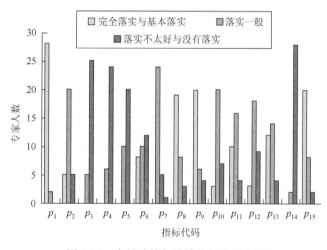

图 9-10　全部政策与措施执行情况分析

从以上分析发现："黑河分水工程"政策不但重要而且执行也好；"保证地下水水位供给"、"防治沙漠化、盐碱化"政策重要但执行不太好；政策执行得较好的原因是政策内容清晰，便于操作，如黑河分水工程，国务院批准的黑河分水方案要求保证正常年份正义峡下泄水量达到 9.5 亿 m³ 的分水方案，丰水年份有一定水量进入东居延海；执行不好的原因则相反，如"生态补偿"政策。就现实而言，目前政策的制定权主要归属于国家、省级政府，政策制定主要根据政策预期目标进行制订，制定的政策往往具有高度的概括性，原则性较强，但针对性不强。而政策的执行者往往是县级政府，政策的制订和执行明显不是同一个主体，在现实中缺乏政策执行者与政策制定者的长效沟通机制，导致政策制定者无法及时有效地得到政策执行者的反馈信息，从而造成了有些政策执行不好，落实不好。再者，政策执行者执行政策时，有时由于政策本身模糊，针对性不强，存在有些政策无法操作、无所适从的局面，但为了落实，政策可能就被扭曲，造成政策的执行不到位（陈升等，2010）。故此，就额济纳绿洲的生态恢复，希望国家以及相关部门执行好的政策与措施进一步加强，使其变得更好，执行不好的政策与措施为了绿洲的恢复，继续研究政策、细化政策，争取早日把它变好。

9.2.6　政策建议

必须协调处理好政策制定与执行过程中政府及研究部门间的权力关系。额济纳绿洲的恢复不仅过程漫长，而且还有好多科学问题存在。传统的自上而下的政策执行模式（政策制定者设定目标，政策执行者执行政策，政策执行与政策制定相脱节）、自下而上的政策执行模式（政策制定者与执行者共同协商政策目标，形成相互间的协作关系，建立政府间协作执行结构）都不太适合，因为许多科学问题尚须科研部门的研究解决。据此笔者认为，可采用先由科研部门依据科学实验、调研以及绿洲的现实情况等向政策制定者提出政策需求，而后政策制定者与执行者依据政策的目标，协商制定政策让执行者执行。政策制定时，政策制定者可给予政策执行者结合实际情况制定政策的权利，强化出台政策的可操作性，同时也应加强三部门之间的沟通协商，跟踪有关政策的执行情况，做到及时调整和优化相关政策，对一些执行不好且重要的政策给予重点照顾。

建立健全长期的绿洲恢复政策及措施执行监控机制、效果评估机制和信息反馈机制。额济纳绿洲的生态恢复是一个长期而又艰巨的任务，建立健全长期的政策执行监控机制、效果评估机制和信息反馈机制，政策制定者应不定期地检查政策落实及执行情况，对政策执行过程跟踪监督，发现和解决政策执行中存在的问题，及时调节与修正政策；也可根据政策执行效果评估及反馈信息及时做出政策的调节与响应，政策执行者向政策制定者反馈政策的执行落实信息，政策制定者依据执行过程中存在的问题调整或终结某些政策，避免政策重复或僵化；当然也可三种机制互相补充，作为政策调节的依据。

参 考 文 献

阿不都克依木·阿布力孜，克里木·买买提，阿布都沙拉木·加拉力. 2008. 基于 AHP 和 RS 的绿洲-荒漠交错带生态安全研究[J]. 新疆农业科学，45（4）：659-663.

阿斯卡尔江·司迪克，楚新正，艾里西尔·库尔班. 2010. 新疆艾里克湖滨绿洲景观空间格局动态变化[J]. 湖泊科学，22（5）：793-798.

艾合买提·吾买尔，海米提·依米提，赛迪古丽·哈西木，等. 2010. 于田绿洲脆弱生态环境成因及生态脆弱性评价[J]. 干旱区资源与环境，5：74-79.

白智娟. 2008. 调水后额济纳绿洲植被变化研究[D]. 呼和浩特：内蒙古师范大学硕士论文.

布佐热·艾海提，瓦哈甫·哈力克. 2010. 且末平原绿洲空间规模动态变化[J]. 干旱区资源与环境，24（1）：108-112.

曹广超，马海州. 2003. 柴达木盆地绿洲区可持续发展现状的定量评价研究[J]. 干旱区资源与环境，17（3）：28-34.

曹玲，窦永祥. 2003. 气候变化对黑河流域生态环境的影响[J]. 干旱气象，21（4）：45-49.

曹生奎. 2010. 荒漠河岸林胡杨水分利用效率研究[D]. 北京：中国科学院博士学位论文.

曹文炳，万力. 2004. 黑河下游水环境变化对生态环境的影响[J]. 水文地质工程地质，31（5）：21-25.

曹宇，欧阳华，肖笃宁，等. 2004. 额济纳天然绿洲景观演化驱动因子分析[J]. 生态学报，24（9）：1895-1902.

曹宇，欧阳华，肖笃宁，等. 2005. 额济纳天然绿洲景观变化及其生态环境效应[J]. 地理研究，24（1）：130-139.

陈百明，刘新卫，杨红. 2003. LUCC 研究的最新进展评述[J]. 地理科学进展，22（01）：22-29.

陈昌毓. 1995. 河西走廊实际水资源及其确定的适宜绿洲和农田面积[J]. 干旱区资源与环境，9（3）：122-128.

陈强，陈正江. 2005. 基于系统动力学的艾比湖沿岸生态环境问题分析及对策[J]. 水土保持研究，12（2）：33-35.

陈升，吕志奎，罗桂连. 2010. 非常态下地方政府政策执行评价比较研究——以汶川地震灾后重建政策为例[J]. 公告管理学报，7：49-56.

陈曦. 2008. 中国干旱区土地利用与土地覆被变化[M]. 北京：科学出版社.

陈小兵，杨劲松，乔晓英，等. 2008. 绿洲耕地适宜面积确定与减灾研究——以新疆渭干河灌区为例[J]. 中国地质灾害与防治学报，19（1）：118-123.

陈佑启，杨鹏. 2001. 国际上土地利用/土地覆盖变化研究的新进展[J]. 经济地理，21（1）：95-100.

陈玉春，吕世华，高艳红. 2004. 不同尺度绿洲环流和边界层特征的数值模拟[J]. 高原气象，23（2）：178-183.

陈云浩，李晓兵，史培军. 2001. 1983—1992 年中国陆地 NDVI 变化的气候因子驱动分析[J]. 生物生态学报，25（6）：716-720.

崔卫国，穆桂金. 2005. 基于 GIS 的绿洲空间发育适宜性研究模型的设计[J]. 干旱区资源与环境，19（5）：118-121.

丁建丽，张滢，王宏卫. 2008. 干旱区绿洲稳定性评价指标体系构建及其应用分析[J]. 干旱区资源与环境，22（2）：31-36.

丁雷，车彦巍. 2008. 粗糙集方法在优化煤炭企业信息化评价指标体系中的应用[J]. 中国煤炭，34（1）：
　　35-36.

董光荣，陈惠中. 1995. 15 万年以来中国北方沙漠、沙地演化和气候变化[J]. 中国科学（B 辑），25（12）：
　　1303-1312.

杜巧玲，许学工，刘文政. 2004. 黑河中下游绿洲生态安全评价[J]. 生态学报，24（9）：1916-1923.

段汉明，苏敏，周晓辉，等. 2006. 银川平原绿洲的稳定性与可持续发展[J]. 干旱区资源与环境，5（1）：1-6.

樊华，卞玮，雍会，等. 2007. 新疆玛纳斯河流域绿洲生态环境可持续发展的综合评价——以石河子市
　　绿洲为例[J]. 干旱区资源与环境，21（9）：25-28.

方创琳. 1994. 绿洲生态系统的运行机制及退化的监控研究[J]. 生态学杂志，13（5）：221-222.

方创琳. 1996. 河西走廊绿洲生态系统的动态模拟研究[J]. 生态学报，16（4）：389-396.

方创琳，申玉铭. 1997. 河西走廊绿洲生态前景和承载能力的分析与对策[J]. 干旱区地理，20（1）：33-39.

方精云，朴世龙，贺金生，等. 2003. 近 20 年来中国植被活动在增强[J]. 中国科学（C 辑），33（6）：
　　554-565.

冯起，司建华，张艳武，等. 2006. 极端干旱地区绿洲小气候特征及其生态意义[J]. 地理学报，61（1）：
　　99-108.

冯起，司建华，席海洋，等. 2009. 荒漠绿洲水热过程与生态恢复技术[M]. 北京：科学出版社.

冯绳武. 1988. 甘肃河西水系特征和演变[J]. 兰州大学学报（自然科学版），1：125-129.

付彩菊，潘竟虎，赵军. 2006. 基于 RS 和 GIS 的额济纳旗土地利用变化研究[J]. 国土资源科技管理，
　　23：71-75.

付海艳，张诚一. 2006. 基于 FCM 和粗糙集属性重要度理论的综合评价系统[J]. 计算机应用，26（6）：
　　1479-1481.

高华君. 1987. 我国绿洲的分布与类型[J]. 干旱区地理，10（4）：23-29.

龚道溢，史培军，何学兆. 2002. 北半球春季植被 NDVI 对温度变化响应的区域差异[J]. 地理学报，
　　57（5）：505-514.

龚家栋，董光荣，李森，等. 1998. 黑河下游额济纳旗绿洲环境退化及综合治理[J]. 中国沙漠，18（1）：
　　44-50.

郭铌，梁芸，王小平. 2004. 黑河调水对下游生态环境恢复效果的卫星遥感检测分析[J]. 中国沙漠，24（6）：
　　740-744.

郭巧玲，杨云松，陈志辉，等. 2010. 额济纳绿洲植被生态需水及其估算[J]. 水资源与水工程学报，21（3）：
　　80-84.

郭旭东，刘国华，陈利顶，等. 1999. 欧洲景观生态学研究展望[J]. 地球科学进展，14（04）：40-44.

韩德麟. 1999. 绿洲稳定性初探[J]. 宁夏大学学报，20（2）：136-139.

韩德麟. 2001. 新疆人工绿洲[M]. 北京：中国环境科学出版社.

韩德麟，陈正江. 1994. 运用系统动力学方法研究绿洲经济-生态系统——以玛纳斯绿洲为例[J]. 地理学
　　报，49（4）：307-316.

韩艳，何清. 2005. 关于绿洲稳定性的初步认识[J]. 新疆师范大学学报，24（3）：129-131.

韩艳，万年庆，何青. 2009. 绿洲与荒漠过渡带气候特征对比分析[J]. 许昌学院学报，28（5）：128-131.

何杭佳, 凌征球. 2007. 基于 Rough-Set 理论的企业竞争力综合评价[J]. 商场现代化, (15): 37-39.

何文寿. 2004. 宁夏农田土壤耕层养分含量的时空变化特征[J]. 土壤通报, 35 (6): 170-174.

何志斌, 赵文智, 方静. 2005. 黑河中游地区植被生态需水量估算[J]. 生态学报, 25 (4): 705-710.

侯建楠, 谢国辉. 2007. 3S 技术在新疆绿洲空间演变研究中的应用[J]. 新疆师范大学学报, 26 (3): 201-203.

胡方, 黄建国, 褚福照. 2008. 基于粗糙集的武器系统灰色关联评估模型[J]. 兵工学报, 29 (2): 253-256.

胡汝骥, 姜逢清, 王亚俊. 2010. 正确认识中国干旱区绿洲的稳定性[J]. 干旱区研究, 27 (3): 319-323.

胡隐樵, 左洪超. 2003. 绿洲环境形成机制和干旱区生态环境建设对策[J]. 高原气象, 22 (6): 537-544.

胡永宏, 陈金祥. 2000a. 砖混结构顶层温度裂缝的分析及对策[J]. 昆明理工大学学报 (理工版), 25 (1): 106-108.

胡永宏, 贺思辉. 2000b. 综合评价方法[M]. 北京: 科学出版社: 75-99.

黄炜, 王命延, 施志强, 等. 2008. 优化的 Rough Set 综合评价算法在房地产开发和销售中的应用[J]. 计算机与现代化, 10: 120-123.

黄朝迎. 2003. 黑河流域气候变化对生态环境与自然植被影响的诊断分析[J]. 气候与环境研究, 8 (1): 84-90.

黄光明, 张巍. 2004. 基于 Rough Set 的综合评价方法研究[J]. 计算机工程与应用, 2: 36-38.

黄培祐. 1995. 绿洲的界外区与干旱区生态环境建设[J]. 干旱区资源与环境, 5 (2): 38-44.

黄盛璋. 1990. 论绿洲研究与绿洲学[J]. 中国历史地理论丛, 2: 1-24.

贾宝全. 1996. 绿洲景观若干理论问题的探讨[J]. 干旱区地理, 19 (3): 58-65.

贾宝全, 慈龙骏. 1999. 绿洲景观生态规划研究——以新疆石河子垦区 150 团场为例[J]. 干旱区地理, 22 (4): 62-70.

贾宝全, 慈龙骏. 2000. 新疆生态用水量的初步估算[J]. 生态学报, 20 (2): 243-250.

贾宝全, 慈龙骏. 2003. 绿洲景观生态研究[M]. 北京: 科学出版社.

贾宝全, 慈龙骏, 高志海, 等. 2001a. 绿洲荒漠化及其评价指标体系的初步探讨[J]. 干旱区研究, 18 (2): 19-24.

贾宝全, 慈龙骏, 杨晓晖, 等. 2001b. 石河子莫索湾垦区绿洲景观格局变化分析[J]. 生态学报, 21 (1): 35-40.

贾艳红, 赵传燕, 南忠仁. 2007. 西北干旱区黑河下游植被覆盖变化研究综述[J]. 地理科学进展, 26 (4): 64-74.

贾艳红, 赵传燕, 南忠仁. 2008. 黑河下游地下水波动带土壤盐分空间变异特征分析[J]. 干旱区地理, 31 (3): 379-386.

江凌, 吕光辉, 汪溪远, 等. 2006. 城市化进程中的绿洲生态系统稳定性评价探讨[J]. 干旱区资源与环境, 20 (2): 28-32.

姜连馥, 石永威, 满杰, 等. 2007. 基于模糊粗糙集理论的建筑业综合评价[J]. 大连理工大学学报, 47 (5): 729-734.

李瑞, 杨晓晖, 张克斌, 等. 2006. 基于 RS 和 GIS 的青海香日德绿洲景观格局特征分析[J]. 水土保持研究, 13 (3): 129-134.

李本纲, 陶澍. 2000. AVHRR-NDVI 与气候因子的相关分析[J]. 生态学报, 20 (5): 898-902.

李凡，李森. 2005. 黑河绿洲可持续发展水平诊断与实力评估[J]. 佛山科学技术学院学报（自然科学版），23（1）：49-53.

李红启，刘凯. 2004. 基于 Rough Set 理论的铁路运量预测[J]. 铁路学报，126（3）：1-7.

李佳，张元标. . 2009. 基于粗糙集理论的广东省农业循环经济综合评价[J]. 广东农业科学，9：275-279.

李强坤，黄福贵，罗玉丽，等. 2006. 额济纳地区绿洲恢复生态需水量研究[J]. 水资源与水工程学报，17（2）：9-13.

李强坤，胡亚伟，丁宪宝，等. 2007. 西北干旱地区绿洲生态需水及其量化方法研究[J]. 资源环境与工程，21（5）：558-561.

李森，李凡，孙武. 2004. 黑河下游额济纳绿洲现代荒漠化过程及其驱动机制[J]. 地理科学，24（1）：61-67.

李为相，程明，李帮义. 2008. 粗集理论在食品安全综合评价中的应用[J]. 食品研究与开发，29（2）：152-155.

李筱琳. 2008. 额济纳绿洲水-生态-经济-复合系统可持续定量评估[J]. 吉林师范大学学报（自然科学版），3：118-120.

李小明. 1995. 塔克拉玛干南缘绿洲生态系统[J]. 干旱区研究，12（4）：10-16.

李小玉，武开拓，肖笃宁. 2004. 石羊河流域及其典型绿洲景观动态变化研究[J]. 冰川冻土，26（6）：747-754.

李小玉，肖笃宁，何兴元，等. 2006. 内陆河流域中、下游绿洲耕地变化及其驱动因素——以石羊河流域中游凉州区和下游民勤绿洲为例[J]. 生态学报，3：671-680.

李晓兵，史培军. 2000. 中国典型植被类型 NDVI 动态变化与气温、降水敏感性分析[J]. 植被生态学报，24（3）：379-382.

李晓兵，陈云浩，张云霞，等. 2002. 气候变化对中国北方荒漠草原植被的影响[J]. 地球科学进展，17（2）：254-261.

李秀彬. 1996. 全球环境变化研究的核心领域——土地利用/土地覆被变化的国际研究动向[J]. 地理学报，51（06）：553-557.

李远远. 2009. 基于粗糙集的指标体系构建及综合评价方法研究[D]. 武汉：武汉理工大学博士学文论文.

李志建，倪恒. 2003. 黑河下游地区土壤水盐及有机质空间分布与植被分布及长势分析[J]. 资源调查与环境，24（2）：143-150.

梁循. 2007. 数据挖掘算法与应用[M]. 北京：北京大学出版社.

林毅，王让会，黄俊芳，等. 2007. 新疆北屯绿洲弃耕农田的植被变化特征[J]. 干旱区研究，6：6747-6752.

凌红波，徐海量，史薇，等. 2009. 新疆玛纳斯河流域绿洲生态安全评价[J]. 应用生态学报，9：2219-2224.

刘恒，钟华平，顾颖. 2001. 西北干旱内陆河区水资源利用与绿洲演变规律研究——以石羊河流域下游民勤盆地为例[J]. 水科学进展，12（3）：378-384.

刘金鹏，费良军，南忠仁，等. 2010. 基于生态安全的干旱区绿洲生态需水研究[J]. 水利学报，41（2）：226-232.

刘金伟. 2008. 河田绿洲小气候变化对绿洲生态环境建设的启示[J]. 绵阳师范学院学报，27（2）：102-105.

刘普幸，李筱琳. 2004. 层次分析法在生态预警中的应用——以酒泉绿洲为例[J]. 干旱区资源与环境，18（5）：15-18.

刘树华,潘英,胡非,等.2009. 荒漠绿洲地区夏季地表能量收支的数值模拟[J]. 地球物理学报,52(5):
    1197-1207.

刘蔚,王涛,苏永红,等.2005. 黑河下游土壤和地下水盐分特征分析[J]. 冰川冻土,27(6):890-898.

刘蔚,王忠静,席海洋.2008. 黑河下游水土理化性质变化及生态环境意义[J]. 冰川冻土,30(4):688-695.

刘小丹,张克斌,李瑞,等.2008. 青海都兰县察汗乌苏绿洲景观格局特征分析[J]. 水土保持研究,15(4):
    130-133.

刘秀娟.1994. 对绿洲概念的哲学思考[J]. 新疆环境保护,16(4):253-258.

刘秀娟.1995. 绿洲的形成机制和分类体系[J]. 新疆环境保护,17(1):1-6.

刘月兰.2008. 准噶尔盆地南缘绿洲景观格局变化分析[J]. 安徽农业科学,36(1):265-267.

刘振波.2002. OEPIS 的理论与方法研究[D]. 兰州:西北师范大学

刘振波,倪绍祥.2003. 绿洲生态危机及其预警信息系统[J]. 环境保护,2:31-34.

刘振波,赵军,倪绍祥.2004. 绿洲生态环境质量评价指标体系研究——以张掖市绿洲为例[J]. 干旱区
    地理,27(4):580-585.

吕世华,尚伦宇,梁玲,等.2005. 金塔绿洲小气候效应的数值模拟[J]. 高原气象,24(5):649-655.

罗格平,陈曦,周可发,等.2002. 三工河流域绿洲时空变异及其稳定性研究[J]. 中国科学(D 辑),32(6):
    521-528.

罗格平,周成虎,陈曦.2004a. 干旱区绿洲景观尺度稳定性初步分析[J]. 干旱区地理,27(4):471-476.

罗格平,周成虎,陈曦,等.2004b. 区域尺度绿洲稳定性评价[J]. 自然资源学报,19(4):519-524.

罗冠枝,徐林荣.2008. 基于粗糙集和灰色理论的模糊综合定权法在泥石流危险性评价中的应用[J]. 安
    全与环境工程,15(3):1-5.

马彦琳.2000. 干旱区绿洲持续农业与农村发展评价指标体系初步研究[J]. 干旱区地理,23(3):252-258.

蒙吉军,刘家明.1998. 绿洲可持续性评价-以张掖绿洲为例[J]. 干旱区地理,21(3):51-58.

孟宝,杨龙,张勃.2009. 土壤特性的空间变异性与绿洲生态稳定性研究——以张掖绿洲为例[J]. 水土
    保持研究,16(2):117-120.

母敏霞,王文科,杜东,等.2008. 新疆奎屯河流域平原区生态需水研究[J]. 干旱区资源与环境,22(3):
    96-101.

穆桂金,刘嘉麒.2000. 绿洲演变及其调控因素初析[J]. 第四纪研究,20(6):539-547.

宁骚.2003. 公共政策学[M]. 北京:高等教育出版社.

潘竟虎,张伟强.2010. 张掖绿洲冷岛效应时空格局的遥感分析[J]. 干旱区研究,27(4):481-486.

潘竟虎,刘普幸,赵军.2008. 黑河下游土地利用与景观格局时空特征分析[J]. 土壤,40(2):306-311.

潘竟源.2009. 民勤绿洲水资源安全综合评价[D]. 兰州:西北师范大学

潘晓玲.2000. 绿洲荒漠过渡带动态稳定性的理论探讨[J]. 兰州大学学报(自然科学版),36(5):145-146.

潘晓玲.2001. 干旱区绿洲生态系统动态稳定性的初步研究[J]. 第四纪研究,21(4):345-348.

裴源生,孙素艳,陆垂裕.2007. 绿洲生态稳定性预测[J]. 水利学报,38:434-442.

钱云,郝毓灵.2000. 新疆绿洲[M]. 乌鲁木齐:新疆人民出版社.

施雅风,张祥松.1995. 气候变化对西北干旱区地表水资源的影响和未来趋势[J]. 中国科学(B 辑),25(9):
    968-977.

施亚明,何建敏.2005. 基于粗糙集方法在信用评估中的应用探析[J]. 现代管理科学,5:13-15.

石亚男, 刘高焕, 张北飞. 2003. 绿洲生态环境动态调控模型及系统概念设计应用[J]. 地球信息科学, 9 (3): 6-10.

史培军, 宫鹏. 2000. 土地利用/覆盖变化研究的方法实践[M]. 北京: 科学出版社.

史小丽, 叶茂, 王晓峰, 等. 2010. 玛纳斯河流域绿洲区生态安全评价[J]. 井冈山大学学报 (自然科学版), 5: 63-68.

司建华, 冯起. 2005. 黑河下游分水后的植被变化初步研究[J]. 西北植物学报, 25 (4): 631-640.

宋冬梅, 肖笃宁, 张志城, 等. 2003. 甘肃民勤绿洲的景观格局变化及驱动力分析[J]. 应用生态学报, 14 (4): 535-539.

宋郁东, 胡顺军. 2004. 西北干旱区绿洲水土资源合理利用若干问题的探讨——以渭干河平原绿洲灌区为例[A]//中国土壤学会. 中国土壤学会第十次全国会员代表大会暨第五届海峡两岸土壤肥料学术交流研讨会论文集 (面向农业与环境的土壤科学综述篇) [C]. 中国土壤学会: 11.

苏建平, 仵彦卿, 黎志恒, 等. 2004. 黑河下游河岸绿洲区包气带土壤水分与植被生长状况的研究[J]. 西北植物学报, 24 (4): 662-668.

苏培玺, 张小军, 刘新民. 2001. 荒漠绿洲 PRED 系统特征与可持续发展定量研究[J]. 地理科学, 21 (6): 519-523.

苏为华. 2000. 多指标综合评价理论与方法问题研究[D]. 厦门: 厦门大学博士学位论文.

苏为华. 2001. 多指标综合评价理论与方法研究[M]. 北京: 中国物价出版社, 102-129.

苏永红. 2007. 额济纳三角洲典型植被群落土壤有机碳动态研究[D]. 北京: 中国科学院博士学位论文.

苏永红, 冯起. 2004. 额济纳旗生态环境退化及成因分析[J]. 高原气象, 23 (2): 264-270.

苏永红, 冯起, 刘蔚, 等. 2006. 额济纳三角洲土壤养分特征分析[J]. 干旱区研究, 23 (1): 132-137.

孙靖. 2007. 粗糙集在医院工作质量综合评价中的应用[J]. 湖北民族学院学报, 25 (3): 275-278.

孙丹峰, 李红, 张凤荣. 2005. 基于动态统计规则和景观格局特征的土地利用覆被空间模拟预测[J]. 农业工程学报, 21 (3): 121-125.

孙红雨, 王常耀, 牛铮, 等. 1998. 中国植被覆盖变化及其与气候因子关系——基于 NOAA 时间序列数据[J]. 遥感学报, 2 (3): 204-210.

孙素艳. 2005. 绿洲生态稳定性预测研究[D]. 北京: 中国水利水电科学研究院硕士学位论文.

塔西甫拉提·特依拜, 克力木·买买提, 阿布都热和曼, 等. 2005. 基于 3S 技术的绿洲荒漠过渡带生态环境的安全研究[J]. 干旱区资源与环境, 19 (3): 104-109.

唐海萍, 陈玉福. 2003. 中国东北样条带 NDVI 的季节变化及其与气候因子的关系[J]. 第四纪研究, 23 (3): 318-325.

唐华俊, 陈佑启, 邱建军, 等. 2004. 中国土地利用/土地覆盖变化研究[M]. 北京: 中国农业科学科技出版社.

王涛. 2010. 我国绿洲化及其研究的若干问题初探[J]. 中国沙漠, 30 (5): 995-998.

王承安, 安春梅, 杜斌, 等. 2005. 内蒙古阿拉善盟生态环境 "3S" 技术定量动态分析[J]. 测绘科学, 30 (3): 78-82.

王大鹏, 王周龙, 李德一, 等. 2007. 额济纳三角洲近 15 年土地利用分形特征及变化[J]. 干旱区地理, 30 (5): 742-745.

王枫叶, 刘普幸. 2010. 酒泉绿洲近 45 年日照时数的变化特征分析[J]. 高原气象, 4: 999-1004.

王根绪，程国栋. 1998. 近50年来黑河流域水文及生态环境的变化[J]. 中国沙漠，18（3）：233-238.

王根绪，程国栋. 2000. 干旱荒漠绿洲景观空间格局及其受水资源条件的影响分析[J]. 生态学报，20（3）：363-367.

王根绪，程国栋. 2002. 干旱区受水资源胁迫的下游绿洲动态变化趋势分析[J]. 应用生态学报，13（5）：564-568.

王国胤. 2001. Rough 集理论与知识获取[M]. 西安：西安交通大学出版社.

王海青，张勃. 2007. 黑河流域40多年来生态环境变化驱动力分析及对策[J]. 干旱区资源与环境，21（10）：43-47.

王钧，蒙吉军. 2008. 黑河流域近60年来径流量变化及影响因素[J]. 地理科学，28（1）：83-87.

王立. 2005. 石羊河流域荒漠化评价指标研究[D]. 兰州：甘肃农业大学硕士学位论文.

王让会. 1996. 且末绿洲的现状与发展——试论绿洲生态系统的稳定性[J]. 新疆环境保护，18（4）：19-23.

王让会. 2001. 西北干旱区退化生态系统模式研究[J]. 中国生态农业学报，9（3）：8-11.

王让会，宋郁东，樊自立，等. 2001. 塔里木河流域"四源一干"生态需水量的估算[J]. 水土保持学报，15（1）：19-22.

王瑞祥. 2003. 政策评估的理论、模型与方法[J]. 预测，3：6-11.

王涛. 2009. 干旱区绿洲化、荒漠化研究的进展与趋势[J]. 中国沙漠，29（1）：1-8.

王雪梅，柴仲平，塔西甫拉提·特依拜，等. 2010. 塔里木盆地北缘绿洲景观格局变化与稳定性分析[J]. 国土与自然资源研究，1：45-47.

王亚俊，曾凡江. 2010. 中国绿洲研究文献分析及研究进展[J]. 干旱区研究，27（4）：501-506.

王耀斌，冯起，司建华，等. 2009. 基于可持续发展度的额济纳绿洲生态资源环境定量研究[J]. 开发研究，3：91-94.

王永兴. 2000. 绿洲生态系统及其环境特征[J]. 干旱区地理，23（1）：7-12.

王永兴，张小雷，阚耀平. 1999. 绿洲地域系统及其演变规律的初步研究[J]. 干旱区地理，22（1）：62-68.

王振锡，潘存德. 2009. 塔里木河下游荒漠——绿洲过渡带植物群落分布及环境解释[J]. 新疆农业科学，46（3）：449-458.

王铮. 1996. 历史气候变化对中国社会发展的影响——兼论人地关系[J]. 地理学报，51（4）：329-339.

王忠静，王海锋，雷志栋. 2002. 干旱内陆河区绿洲稳定性分析[J]. 水利学报，（5）：26-30.

王宗军. 1998. 综合评价的方法、问题及其研究趋势[J]. 管理科学学报，1：73-79.

韦如意. 2004. 绿洲稳定性及其评价指标体系的研究——以新疆阜康绿洲为例[D]. 南京：南京气象学院博士学位论文.

文莉娟，吕世华，孟宪红，等. 2009. 绿洲内城镇气候效应的数值模拟[J]. 气候与环境研究，14（1）：105-112.

沃尔特. 1984. 世界植被[M]. 北京：科学出版社.

乌兰图雅，党拜. 2005. 内蒙古额济纳旗近50年的气候变化及其影响分析[J]. 内蒙古师范大学学报，34（4）：498-501.

毋兆鹏. 2008. 博、精河流域绿洲稳定性及其时空动态模拟研究[D]. 上海：华东师范大学博士学文论文.

吴木銮. 2009. 我国政策执行中的目标扭曲研究——对我国四次公务员工资改革的考察[J]. 公共管理学报，3：32-39.

吴秀芹，蔡运龙，蒙吉军，等. 2003. 塔里木河下游典型区景观生态质量评价[J]. 干旱区资源与环境，17（2）：12-17.

吴征镒，王献溥. 1980. 中国植被[M]. 北京：科学出版社.

仵彦卿，幕富强，贺益贤，等. 2000. 河西走廊黑河鼎新至哨马营段河水与地下水转化途径分析[J]. 冰川冻土，22（3）：73-77.

武选民，史生胜，黎志恒，等.2002a. 西北黑河下游额济纳盆地地下水系统研究（上）[J]. 水文地质工程地质，1：16-20.

武选民，史生胜，黎志恒，等.2002b. 西北黑河下游额济纳盆地地下水系统研究（下）[J]. 水文地质工程地质，2：30-33.

席海洋. 2009. 额济纳盆地地下水动态变化规律及数值模拟研究[D]. 北京：中国科学院博士学位论文.

席海洋，冯起. 2007. 实施分水方案后对黑河下游地下水影响的分析[J]. 干旱区地理，30（4）：480-491.

肖笃宁，李小玉，宋冬梅. 2005. 石羊河尾闾绿洲的景观变化与生态恢复对策[J]. 生态学报，25（10）：2477-2483.

肖生春. 2006. 近2000年黑河下游水环境演变及其驱动机制研究[D]. 北京：中国科学院博士学位论文.

肖生春，消洪浪. 2004. 额济纳地区历史时期的农牧业变迁与人地关系演进[J]. 中国沙漠，4：448-451.

谢媛. 2003. 政策评估的顾客导向模式及其应用[J]. 行政论坛，7：42-43.

徐冬，付海艳，符谋松. 2010. 粗糙集在学生综合评价中的应用[J]. 现代计算机，3：11-13.

徐先英，丁国栋，孙保平，等. 2007. 内陆河下游民勤绿洲主要防风固沙植被生态需水量研究[J]. 水土保持学报，21（3）：144-148.

许广明，张燕君. 2004. 西北地区大型内陆盆地地下水系统演化特征分析[J]. 自然资源学报，19（6）：701-706.

阎金凤，陈曦. 2003. 基于GIS的干旱区LUCC分析和模拟方法探讨[J]. 干旱区地理，22（2）：185-191.

闫琳，胡春元，董智，等. 2000. 额济纳绿洲土壤盐分特征的初步研究[J]. 干旱区资源与环境，S1：25-30.

尹宗成，丁日佳，赵振保. 2007. 基于粗糙集理论的煤炭资源型城市发展水平综合评价[J]. 煤炭学报，32（10）：1112-1116

于开芹，冯永军，郑九华，等. 2009. 城乡交错带土地利用变化及其生态效应[J]. 农业工程学报，25（3）：213-218.

袁榴艳，杨改河. 2004. 新疆绿洲可持续发展评估研究[J]. 西北农林科技大学学报（自然科学版），32（6）：54-58.

岳天祥，马世俊. 1991. 生态系统稳定性研究[J]. 生态学报，11（4）：112-114.

张飞，塔西甫拉提·特依拜，丁建丽，等. 2009. 干旱区绿洲土地利用/覆被及景观格局变化特征——以新疆精河县为例[J]. 生态学报，29（3）：1251-1261.

张强，俞亚勋，张杰. 2008. 祁连山与河西内陆河流域绿洲的大气水循环特征研究[J]. 冰川冻土，30（6）：907-912.

张勃，孟宝. 2006. 干旱区绿洲荒漠带土壤水盐异质性及生态环境效应研究[J]. 中国沙漠，26（1）：81-84.

张传国. 2001. 干旱区绿洲系统生态-生产-生活承载力评价指标体系构建思路[J]. 干旱区研究，18（3）：7-12.

张传国，方创琳，全华，等. 2002. 干旱区绿洲承载力研究的全新审视与展望[J]. 资源科学，24（2）：42-45.

张金萍, 张静, 孙素艳. 2006. 灰色关联分析在绿洲生态稳定性评价中的应用[J]. 资源科学, 4: 195-200.

张静. 2005. 基于粗糙集理论的数据挖掘算法研究[D]. 西安: 西北工业大学博士学位论文.

张凯, 韩永翔, 司建华, 等. 2006. 民勤绿洲生态需水与生态恢复对策[J]. 生态学杂志, 25 (7): 813-817.

张丽, 董增川. 2002. 黑河流域下游天然植被生态及需水研究[J]. 灌溉排水, 21 (4): 16-20.

张林源, 王乃昂, 施祺. 1995. 绿洲的发生类型及时空演变[J]. 干旱区资源与环境, 3: 32-43.

张明铁, 史生胜. 2003. 额济纳绿洲生态环境变化及原因分析[J]. 中国水土保持科学, 1 (4): 56-60.

张平, 刘普幸. 2009. 河西走廊瓜州绿洲生态系统稳定性评价与生态风险防御对策[J]. 农业现代化研究, 30 (6): 731-734.

张世文, 唐南奇. 2006. 土地利用/覆被变化 (LUCC) 研究现状与展望[J]. 亚热带农业研究, 2 (3): 221-225.

张文修, 吴伟志, 梁吉业. 2003. 粗糙集理论与方法[M]. 北京: 科学出版社.

张文字. 2008. 基于模糊.粗糙模型的逼近精度分类规则提取策略[J]. 系统工程理论与实践, 2: 68-73.

张小由. 2006. 额济纳绿洲生态耗水与水量平衡研究[D]. 北京: 中国科学院博士学位论文.

张小由, 龚家栋, 周茂先, 等. 2004. 柽柳灌丛热量收支特性与蒸散研究[J]. 高原气象. 23 (2): 227-232.

张小由, 康尔泗, 司建华, 等. 2006. 黑河下游胡杨林耗水规律研究[J]. 干旱区资源与环境干旱区资源与环境, 20 (1): 195-197.

张鑫, 蔡焕杰, 王化齐. 2009. 民勤绿洲生态环境脆弱性模糊物元分析评价[J]. 干旱地区农业研究, 1: 195-199.

张钰, 刘桂民, 马海燕, 等. 2005. 黑河流域土地利用与覆被变化特征[J]. 冰川冻土, 26 (6): 740-746.

张远东. 2002. 荒漠绿洲过渡带植被与绿洲稳定性研究[D]. 哈尔滨: 东北林业大学博士学位论文.

赵成义, 阎顺. 1993. 绿洲及其高效持续发展[J]. 新疆环境保护, 16 (4): 38-43.

赵成义, 王玉潮, 李子良, 等. 2003. 荒漠绿洲植被变化与景观格局耦合关系的研究——以新疆三工河流域为例[J]. 干旱区地理, 26 (4): 297-304.

赵庚星, 李静, 王介勇, 等. 2006. 基于 TM 图像和 GIS 的土地利用/覆被变化及其环境效应研究[J]. 农业工程学报, 22 (10): 78-82.

赵文智, 程国栋. 2001. 干旱区生态水文过程研究若干问题评述[J]. 科学通报, 46 (22): 1851-1857.

赵文智, 庄艳丽. 2008. 中国干旱区绿洲稳定性研究[J]. 干旱区研究, 25 (2): 155-159.

赵文智, 常学礼, 何志斌, 等. 2006. 额济纳荒漠绿洲植被生态需水量研究[J]. 中国科学 (D 辑), 36 (6): 559-566.

赵雪雁. 2001. 绿洲持续利用评价[J]. 干旱区地理, 24 (1): 86-89.

赵永复. 1986. 历史时期河西走廊的农牧业变迁[J]. 历史地理, 75-87.

赵云胜, 龙昱. 1997. 灰色系统理论在地学中的应用研究[M]. 武汉: 华中理工大学出版社.

钟华平, 刘恒. 2002. 黑河流域下游额济纳绿洲与水资源的关系[J]. 水科学进展, 13 (2): 223-228.

衷平, 沈珍瑶, 杨志峰. 2003. 石羊河流域生态风险敏感性因子的确定[J]. 干旱区研究, 20 (3): 180-186.

仲嘉亮, 谢勇, 朱海涌. 2004. 塔里木河流域的生态环境质量综合评价研究[J]. 干旱环境监测, 18 (4): 203-207.

周立三. 1990. 哈密——一个典型的沙漠沃洲[C]//周立三论文选集. 合肥: 中国科学技术大学出版社, 21-29.

周跃志, 潘晓玲, 何伦志. 2004. 绿洲稳定性研究的几个基本理论问题[J]. 西北大学学报 (自然科学版)

34（3）：359-363.

周跃志，潘晓玲，吕光辉，等. 2005. 现代绿洲稳定性评价——以新疆阜康为例[J]. 农业系统科学与综合研究，11（3）：178-181.

Dimitras A I. 1999. Business failure prediction using rough sets[J]. European Journal of Operational Research 114：263-280.

Agrawal. 1993. Mining association rules between sets of items in large database[J]. Proc ACMSIGMOD Intel Conf. Management of Data. Washington DC，3：207-226.

Barbosa H A，Huete A R，Baethgen W E. 2006. A 20-year study of NDVI variability over the northeast region of Brazil[J]. Journal of Arid Environments，37（2）：288-307.

Beurs K M，Henebry G M. 2004. Trend analysis of the pathfinder AVHRR Land（PAL）NDVI data for the deserts of central Asia[J]. IEEE Geoscience and Remote Sensing Letters，1（4）：282-286.

Cheung D W. 1995. Maintenance of discovered association rules in large database：an incremental updating technique. [C]. In Proceedings of the 12th International Conference on data engineering，New Orleans，106-114.

Christina A C. 2003. What guides evaluation? A study of how evaluation practice maps onto evaluation theory[J]. New Directions for Evaluation，97：7-36.

Cihiar J，Laurent S T. 1991. Relation between the NDVI and ecological variables [J]. Remote Sensing of Environment，35（3）：279-298.

Daniel S. 2001. Evaluation models [J]. New Directions for Evaluation，89：7-98.

Eklundh L. 1998. Estimating relations between AVHRR NDVI and rainfall in East Africa at 102 day and monthly time scales[J]. International Journal of Remote Sensing，19（3）：563-568.

Etienne P. 2008. Markov processes and applications：algorithms，networks，genome and finance[M]. New York：John Wiley and Sons Ltd，：28-52.

Gary T H，Melvin M M. 2003. To ward an agenda for research on evaluation[J]. New Directions for Evaluation，97：69-80.

Hu S J，Song Y D，Tian C Y，et al. 2007. Suitable scale of weigan river plain oasis[J]. Science in China（Series D）：Earth Sciences，50：56-64.

Huang J F，Wang R H，Zhang H Z. 2007. Analysis of patterns and eco-logical security trend of modern oasis landscapes in Xin jiang，China [J]. Environ Monit Assess，134：411-419.

Jin X M，Hu G C，Li W M. 2008. Hysteresis effect of runoff of the Heihe River on vegetation cover in the Ejina Oasis in northwestern China[J]. Earth Science Frontiers，15（4）：198-203.

Kazimierz Zaras. 2001. Rough approximation of a preference relation by a multi-attribute stochastic dominance for determinist and stochastic evaluation problems[J]. European Journal of Operational Research，130：305-314.

Keeling C D，Chin J F S. 1996. Increasing activity of northern vegetation inferred from atmospheric CO_2 measurement [J]. Nature，382：146-149.

Kiessling W. 2005. Long-term relationships between ecological stability and biodiversity in Phanerozoic reefs[J]. Nature，433（5）：410-413.

Lambin E F, Baulies X, Bockstael N, et al. 1999. Land-use and land-cover change(LUCC): implementation strategy. IGBP Report No. 48 and IHDP Report No. 10, International Geosphere-Biosphere Programme, And International Human Dimension on Global Environment Change Programmer, Stockholm Bonn

Li X Z. 1999. Assessment of land use change using GIS: a case study in the Uanos de Orinoco[M]. Wagemigen University Press.

Meng S W. 1995. Limitations and necessary conditions of applying principal component analysis to comprehensive evaluation[J]. Bulletin of the International Statistical Institute, 813-814.

Misak R F, Abdelbaki A A, EI-Hakim M S. 1997. On the causes and control of the water logging phenomenon, Siwa Oasis, northern western desert, Egypt [J]. Journal of Arid Environments, 37 (1): 23-32.

Myneni R B, Keeling C D, Tucker C J, et al. 1997. Increased plant growth in the northern high latitudes from 1981—1999[J]. Nature, 386: 698-702.

Myneni R B, Tucker C J, Asar G, et al. 1998. Inter annual variations in satellite-sensed vegetation index data from 1981 to 1991[J]. Journal of Geophysical Research, 103 (6): 6145-6160.

Nicholson S E, Farrar T J. 1994. The influence of soil type on the relationship between NDVI, rainfall and soil moisture in Semiarid Botswana[J]. Remote Sensing of Environment, 50 (2): 107-120.

Pankov E I, Kuzmina Z V, Treshkin S E. 1994. The water availability effect on the soil and vegetation cover of Southern Gobioases [J]. WaterResource, 21 (3): 358-364.

Pawlak Z. 1982. Rough sets [J]. International Journal of Information and Computer Science, 11: 341-356.

Pawlak Z. 1991. Rough sets-theoretical aspects of reasoning about data [J]. Dordrecht Kluwer Academic Publisher, 68-162.

Rao A S, Saxton K E. 1995. Analysis of soil water and water stress for pearl millet in an Indian arid region using the SPAW Model [J]. Journal of Arid Environments, 29: 155-167.

Rindfuss R R, Walsh S J, Turner B L II, et al. 2004. Developing a science of land change: challenges and methodological issues [J]. Proceedings of the National Academy of Science, 101: 13976-13981.

Salvatore Greco. 2001. Rough set theory for multicriterial decision analysis[J]. European Journal of Operational Research, 129: 1-47.

Sepaskhah A R, Kaooni A, Ghasemi M M. 2003. Estimating water table contributions to corn and sorghum water use[J]. Agricultural Water Management, 58: 67-79.

Su Y Z, Zhao W Z, Su P X, et al. 2007. Ecological effects of desertification control and desertified land reclamation in an oasis-desert ecotone in an arid region: a case study in Hexi Corridor, northwest China[J]. Ecological Engineering, 29: 117-124.

Tilman D, Reich P B, Knops M H. 2006. Biodiversity and ecosystem stability in a decade-long grassland experiment [J]. Nature, 441 (6): 629-632.

Tsumoto S. 1998. Knowledge discovery in medical database based on rough sets and attribute-oriented generalization. IEEE Conference: 1296-1301.

Tucker C J. 1979. Red and photographic infrared linear combinations for monitoring vegetation[J]. Remote Sensing of Environment, 8 (2): 127-150.

Tucker C J，Nicholson S E. 1999. Variations in the size of the Sahara Desert from 1980 to 1997[J]. Ambio，28（7）：587-591.

Turner B L II，Lambin E F，Reenberg A. 2007. The emergence of land change science for global environmental change and sustainability [J]. Proceedings of the National Academy of Science，104：20666-20671.

Vedung E. 1997. Public policy and program evaluation[M]. New Brunswick and London：Transaction Publishers.

Vicente-Serrano S M，Lasanta T，Romo Alfredo. 2005. Analysis of spatial and temporal evolution of vegetation cover in the Spanish Central Pyrenees：Role of Human Management[J]. Environment Management，34（6）：802-818.

Wang J，Tao Q. 2003. Rough set theory and statistical learning theory：knowledge science and computing science[M]. Beijing：Tinghua University Press：49-51.

Pao Y H. 1989. Adaptive pattern recognition and neural networks [J]. Addison-Wesley，79-83.

Zhang J，Zhang Q，Yang L H，et al. 2006. Seasonal characters of regional vegetation activity in response to climate change in west China in recent 20 years [J]. J Geographical Sciences，16（1）：78-86.

Zhou L，Kaufmann R K，Tian Y，et al. 2003. Relation between inter annual variations in satellite measures of northern forest greenness and climate between 1982 and 1999[J]. Journal of Geophysical Research，108（1）：1029-2002.